· 全国高等职业教育建筑设计类专业规划教材 ·

Foundation of Architectural Landscape Design

建筑景观设计基础

主　编　龙　燕　王　凯
副主编　刘　星　毛文实

中国轻工业出版社

图书在版编目（CIP）数据

建筑景观设计基础 / 龙燕，王凯主编. —北京：中国轻工业出版社，2020.6

ISBN 978-7-5184-2915-8

Ⅰ.①建… Ⅱ.①龙… ②王… Ⅲ.①景观设计-建筑设计 Ⅳ.①TU983

中国版本图书馆CIP数据核字（2020）第035754号

责任编辑：李　红　　责任终审：孟寿萱　　整体设计：锋尚设计

责任校对：晋　洁　　责任监印：张　可

出版发行：中国轻工业出版社（北京东长安街6号，邮编：100740）

印　　刷：北京富诚彩色印刷有限公司

经　　销：各地新华书店

版　　次：2020年6月第1版第1次印刷

开　　本：889×1194　1/16　印张：8

字　　数：200千字

书　　号：ISBN 978-7-5184-2915-8　定价：49.80元

邮购电话：010-65241695

发行电话：010-85119835　传真：85113293

网　　址：http://www.chlip.com.cn

Email：club@chlip.com.cn

如发现图书残缺请与我社邮购联系调换

191451J2X101ZBW

前言

PREFACE

景观建筑是指供公众观赏休憩的各种构筑物，它具备可靠性、稳定性以及舒适性等特征，建筑景观设计则是利用科学手段将建筑与景观有机结合的一门专业学科，同时它也是一门新兴学科。此外，建筑景观设计还是以建筑景观学为设计参考依据，以建筑、规划、园林、景观等为研究理论支撑骨架，并结合环境和文化，探索多学科交叉的过程。

建筑景观具有区别于一般建筑的特征，即建筑景观能够与地理特征有机融合，能够与文化结合，能够具备生态性、节能性、美观性及和谐性等特征。由于建筑景观设计的制约因素复杂且广泛，因此，在设计时要较一般建筑敏感，其设计需要十分丰富的建筑、规划、园林及景观设计等多方面的知识积累，只有结合这些学科设计，建筑景观空间才能科学地延续下去，才能长久稳固地发展下去。

从建筑学科、园林建设学科以及景观学科等领域的发展趋势角度而言，在建筑学、园林学、生态学及规划学等多学科的渗透下，建筑景观设计必将成为建筑学领域十分重要的一部分。此外，由于当今全球一体化进程的加快，对生态环境的危机意识逐渐增强，传统的建筑学、规划学、园林学以及景观学的弊端开始出现，为了建筑景观设计的长久发展，未来必须将生态化发展、人性化发展以及可持续化发展放在建筑景观设计的重要位置。

本书立足于生态学、建筑学、规划学、园林学以及景观学等学科，综合了以往建筑景观设计的内容，对建筑景观设计进行了全新的阐述。书中介绍了建筑景观设计的概念、设计的特点、设计的流程、设计的发展趋势、设计分类、设计类型、设计法则及设计方法等内容，还介绍了古典建筑景观设计、现代建筑景观设计、建筑景观铺装、建筑景观绿化、建筑景观雕塑、建筑景观材料、建筑景观结构细节、建筑景观小品、建筑景观水景设计及建筑景观照明设计的详细内容，对于CAD图纸表达、手绘图纸表达等也做了简要介绍。

为了拓展读者的知识面，增强读者的记忆点，书中配有对应案例，扫描二维码即可观看，读者在学习建筑景观设计知识的同时还能提高自身的审美素养。书中部分图片带有图解文字，设有本章小结和课后练习，包括理论练习和实践练习，这不仅可以锻炼读者的总结能力和动手能力，同时还能拓展读者的思维境界，学习的过程也不至于太过枯燥。本书涉及的内容比较全面，十分适合广大建筑景观专业的学子学习。

编者

2020年2月

目录

CONTENTS

若扫码失败请使用浏览器或其他应用重新扫码！

高清彩图
（扫码下载）

PPT 课件
（扫码下载）

第一章

建筑景观设计概述

» 学习难度：★★☆☆☆

» 重点概念：概念、特点、流程、发展趋势

» 章节导读：建筑景观涉及多个学科，如心理学、景观建筑学、人机工程学等，它与环境、文化等结合紧密，不仅造型美观，同时也具有生态节能的特点。建筑景观通常是指出现在风景区、公园及广场等景观场所中的具有景观标识作用的建筑，它不仅属于景观，同时又可观景，在进行具体的设计时要充分结合建筑、景观设计及规划等多种知识体系。

第一节　建筑景观设计的概念

建筑景观在具备实用性的同时还具有艺术性和美观性，它的设计过程是技术与艺术的完美结合，同时也是突破传统，融合时代特色和科技因素的一个过程。

一、浅谈建筑景观设计

1. 建筑的概念

建筑，包括建筑物和构筑物，生活中常见的建筑有住宅型建筑、商业型建筑和观赏型建筑等，它是公众利用当下所掌握的物质技术手段，结合一定的科学规律、风水理念和美学法则创造出来的人工环境，这种人工环境的维持和完善要纳入到建筑的设计当中（图1-1）。

建筑主要由建筑功能、建筑技术以及建筑艺术形象构成，在建筑的设计过程中要重视建筑结构的受力程度，要选择合适的建筑材料，要严格按照要求进行建筑施工，要使建筑具备良好的实用性和艺术性，要充分利用现代科技去创造更能体现时代特色，更能满足公众需求的建筑。

（a）住宅型建筑

（b）商业型建筑

（c）观赏型建筑

图1-1　常见的建筑物

2. 景观的概念

景观在1000多年前是指一定的地区，到了19世纪初期，亚历山大·冯·洪堡（德国，地理学奠基人之一）将景观定义为“目睹的地表景色”或“指某个地球区域内的总体特征”，而这便成了景观的地理学概念，景观一词中所包含的美学概念则是指瑰丽的美景。

景观是一个比较复杂的系统，它所囊括的元素较多，如绿植、水景及小品等，景观的存在给公众带来了更好的生存环境，主要包含以下几方面含义：

（1）景观是人类所能看到的视觉审美的对象，它在空间上给人的概念是“人之外”的土地及水域等自然环境（图1-2）。

（2）景观也是人类栖息、娱乐的空间，它不仅表达了人对土地、自然环境的态度，也反映了人类的美好愿望和理想（图1-3）。

（3）景观更是一个人类和环境慢慢交融的系统，当人类与自然能够彻底融合时，就能达到理想中的景、人一体化。

图1-2 具备美感的景观环境

图1-3 具备栖息和娱乐功能的景观环境

图1-4 点景

图1-5 赏景

3. 建筑景观设计的地位

随着建筑学的蓬勃发展，园林学、生态学以及规划学等多种学科开始慢慢与建筑学相融合，又由于全球一体化和生态环境的危机意识，传统建筑学的弊端慢慢显示出来。建筑景观设计集生态、文化、美学和社会等学科为一体，它不仅将成为建筑学领域的一个重要部分，同时它也是建筑设计的支撑，它的设计与理论将成为未来建筑学领域研究的重心，也将会是建筑学领域最具研究价值和发展潜能的学术核心。

4. 建筑景观的作用

建筑景观主要有以下几个作用：

（1）点景。建筑景观包括山、水、植物及建筑等构成要素，通常建筑多位于中心处，它是整个构图中心的主体。建筑景观的点景作用主要体现在与自然环境的融合，这种融合不会显得太过刻意，同时还能表现周边小景的特色（图1-4）。

（2）赏景。建筑景观具有双重身份，可作为赏景的场所，建筑物与周边小景的结合或与游廊的相连都能为游览者提供一个可纵观全景的观赏线。进行建筑景观设计时，要充分考虑建筑的位置、朝向、封闭或开敞、门窗形式或大小等，并使其能提供赏景的功能，使游览者在视野范围内的任意视角都能摄取到最佳的景观效果（图1-5）。

（3）提供游览路线。建筑景观具有起承转合的作用，其中的建筑往往能够成为主导游览者视线的主要目标，建筑景观所构成的空间具有流动性和固定性，流动性体现在自然风景的时空转换和游览者步移景异的过程中，固定性则体现在建筑景观位置的固定上，结合这两种特性，可自然地规划出不同的游览路线，并有主次之分。

补充要点

建筑物的组成

建筑物主要由基础、墙、柱、楼地层、楼梯、屋顶以及门窗等组成。

1. 基础。指建筑物最下方被掩埋在土方中的扩大构件，主要形式包括条形基础、单独基础和满堂基础等。
2. 墙。既可是承重构件，也可是围护构件，同时墙还能有效隔绝自然界中的风雨，能很好地防止太阳辐射，隔音效果也较好。
3. 柱。主要起到承重作用，是建筑物中必不可少的一部分。
4. 楼地层。是建筑物水平方向的承重构建，其中楼层包括面层、结构层和顶棚层，地层则位于建筑物底端，建设时要求坚固、耐磨、防潮和保温。
5. 楼梯。主要起到连接上下楼层的作用，制作要求坚固、安全。
6. 屋顶。包括屋面和支撑结构，有坡屋顶和平屋顶之分。
7. 门窗。门窗均属于围护构件，门设计要求通行流畅，窗则要求能有效采光和通风。

二、明确设计理念

1. 整体性

建筑景观的整体性主要体现在建筑与周边景观环境和文化氛围的和谐、统一上，包括色彩和格局的统一，这种整体性能够创造更舒适的观景效果，能在视觉上更具吸引力（图1-6）。

2. 文化性

建筑景观已经不仅仅作为供公众生活的场所，它的存在还是文化内涵和社会形态的载体，它承载了某一区域的文化品位与特色，在设计建筑景观时要充分挖掘当地的历史，充分发挥出当地的文化内涵，深入研究当地的区域文化体系，以便能设计出更具有代表性的建筑景观（图1-7）。

3. 风水理念

建筑景观设计中所运用的风水理念实际上是囊括地质学、星象学、地理学、气象学、景观学、建筑学、生态学和人体生命信息学等多种学科的一种自然科学，它要求设计要顺应自然，要在了解自然环境的情况下，有节制地改造和利用自然，以求能创造出更好的居住环境和生存环境。在建筑景观设计的过程中，巧妙地运用风水学能够更有利于建立一个人性化和自然化的建筑景观，同时也能符合人与自然共存的设计标准（图1-8）。

图1-6 具备整体性的建筑景观

图1-7 具备文化性的建筑景观

（a）　　（b）

图1-8　建筑景观中的风水应用

图1-8：在建筑的入口正前方处设置有独立的竹排，入口两侧则设置有竹制的围栏，均有挡煞之意。

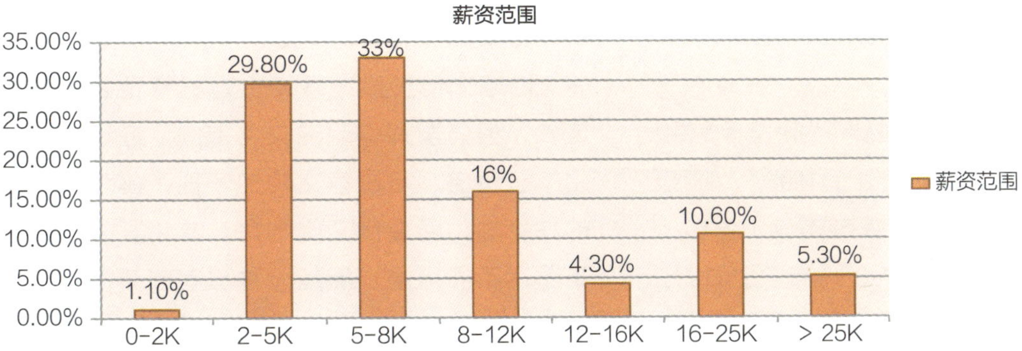

图1-9　建筑景观设计专业薪水分布

图1-9：建筑景观专业适合于建筑设计院、规划设计院、室内建筑装饰设计单位或园林景观类设计单位内就职，该专业的薪资水平与能力和经验挂钩。

三、了解相关专业

建筑景观所衍生出来的专业为建筑景观设计专业，该专业主要培养室内外环境设计及建筑景观设计的高端人才，该专业需要具备良好的建筑学基础、设计学基础、美术基础、计算机绘图基础、景观规划基础及室内外环境规划设计的专业能力等（图1-9）。

补充要点

建筑景观设计专业就业要求

1. 要求具备扎实的建筑学基础、景观建筑及设计美术基础，同时还需具备较好的人文社会科学基础和较高的美学修养，当然，能掌握一门外语会更好。
2. 要求能够独立地进行城市园林、景观以及建筑室内外环境的规划设计，同时还需能够自主绘制设计图纸，能够清晰地表达设计意图，能够熟练地掌握各类建筑设计和景观设计的基本原理方法。
3. 要求熟知古今中外建筑景观的发展规律，能够从中分析出设计前沿和动态，能够掌握人的生理和心理行为与建筑和室内外环境的关系。
4. 要求能够熟练掌握建筑装饰工程设计、建筑室内外环境设计、建筑景观设计以及工程管理等学科的技能和技巧，并灵活运用。
5. 要求能够充分了解建筑景观与当地社会文化和当地习俗之间的关系，并能了解与之相关专业的既定法规和法律条例。

第二节　建筑景观设计的特点

建筑景观设计旨在融合建筑与景观，在设计过程中能够充分发挥景观和建筑的个性特征和魅力，同时也能够创造一个更舒适和合适的空间。

一、以服务大众为主

建筑景观设计始终以服务大众为主要目的，它是人性化和公众化的规划设计。

1. 服务型设施

建筑景观中的服务型设施主要可为游览者提供服务功能，如休息区座椅、凉亭及饮食销售部等，服务型设施的出现意味着建筑景观设计越来越趋向人性化，在设计过程中也会更多地考虑到公众的需求（图1-10）。

2. 指示性路标

建筑景观中的指示性路标主要可为游览者指明方向，在设计指示性路标时要结合周边环境和此地的文化特点，不可太过突兀，以免破坏了建筑景观的整体性（图1-11）。

二、重视地域文化

1. 地域文化与现代文明结合

地域文化在传统意义上是指特定区域源远流长，但仍发挥作用的文化传统，是特定区域生态、民俗、习惯等文明的表现，具有比较强的独特性；而现代文明则是在文化开放，科技革新后不断衍生发展的一种具有创新性、包容

图1-10　休息区

图1-10：休息区多位于阴凉处，座椅的材质有木质、金属质和塑料质地的，一般是分区域成排设置。

图1-11　指示路标

图1-11：红色母婴室路标比较显眼，但并非是正红色，与周边的绿叶和暖黄色的草坪搭在一起不会很矛盾。

补充要点

公众参与主导的景观规划注意事项

1. 建立有效的团队机制。由行政管理机构、公众代表组织和专业规划设计师组成项目执行机构，三方成员各担其职，通力合作。
2. 分阶段、循序渐进地教育并鼓励民众积极参与规划设计活动。
3. 推动专业规划设计师与公众的相互交流合作。公众参与规划设计的成功与否，关键在于彼此能否达成共识。
4. 充分发挥公众的主观能动性，使公众明确自己的主人翁意识。

（a）黄石园博园–随州园–编钟　　（b）黄石园博园–恩施园–哭嫁

图1–12　黄石园博园景观

（a）曾侯乙墓位于随州，曾在1978年挖掘出国宝编钟，这里的随州园所展示的编钟样品极具文化代表性，彰显了随州的历史特色。

（b）哭嫁是恩施少数民族的传统婚姻习俗，在恩施园的门前浮雕上清楚地镶刻着哭嫁的情景，浮雕上人物的服装，所使用的乐器等都充分展示出恩施传统的民俗文化。

性和融合性的新思想。在建筑景观设计中，充分融合现代文明和地域文化，将会使建筑景观具备更浓厚的文化底蕴，在这种氛围下，公众也能更深刻地感受到不同地域的文化内涵（图1–12）。

2. 空间再创造

充分利用地域文化，充分了解地域特色，合理的利用空间，将设计与地域文化特点相结合，这样才能有效地进行建筑景观的创造，必须牢记在建筑景观的设计中使用者和地域文化是两个不可分割的整体。

补充要点

水景景观设计原则

1. 实现与环境相协调。先研究环境的要素，再确定水景的形式、形态、平面及立体尺度，实现与环境相协调，形成和谐的量、度关系，构成主景、辅景、近景、远景的丰富变化。
2. 注重小区生态环境的培养。小溪、人工湖、各种喷泉都有降尘净化空气及调节湿度的作用，尤其是它能明显增加环境中的负氧离子浓度，使人感到心情舒畅，具有一定的保健作用。
3. 专业技术协调一致。水景设计分为几个专业：土建结构（池体及表面装饰）、给排水（管道阀门、喷头水泵）、电气（灯光、水泵控制）、水质的控制。各专业都要注意实施技术的可靠性，为统一的水景效果服务。
4. 设法降低运营成本。在总体设计中，不仅要考虑最佳效果，同时也要考虑系统运行的经济性。在进行设计时要通过优化组合与搭配、动与静结合、按功能分组等措施降低运行费用。

三、追求与自然的共存

建筑景观的建设始终要遵循“与自然和谐相处”的原则，设计要因地制宜，在进行建筑景观选址时要充分考察当地地形特征，在满足一系列功能要求的情况下，巧妙地利用地形，将建筑与周边自然环境有机地结合在一起，使建筑可以和自然融为一体，这种建筑景观与自然的共存还能从视觉、触觉以及嗅觉等方面体现出来（图1-13）。

四、注重美感的体现

建筑景观设计要求建筑的体型和轮廓要具备比较强的表现力，要能体现美感，这主要表现在建筑的体量要与周边景观协调、统一，建筑的造型要表现出地域特色和环境特色，同时还要有艺术美感。此外，建筑的总体格局要通透，要能使功能与景观达到统一，可以在细节上增添装饰，如在栅栏上增添挂画，这种细节上的装饰能够增强建筑景观的感染力，空间感也会更强（图1-14）。

图1-13　住宅区中的自然景观

（a）对称美

（b）质朴美

（c）自然美

（d）色彩美

图1-14　建筑景观美的体现

补充要点

景观规划设计时的考虑事项

1. 必须遵守保证舒适性的原则。
2. 必须注重景观空间的安全性。
3. 必须保证景观及各个功能区域设置具有合理性。
4. 必须保证景观区域内水面宽度、水流速度、堤岸强度等水利工程学方面的技术合理性。
5. 必须注意投资价值合理性和日常管理的高效性。

第三节　建筑景观设计的流程

建筑景观设计多按照收集、勘查资料→确定设计目标→分析环境对象→分析、评估场地→确定设计思想→深化设计→预测、修正设计→对比分析相关设计案例的流程来开展具体的设计工作。

一、收集、勘察资料

1. 获取地形图

新兴技术的发展使得建筑景观设计越来越科技化，设计分工也越来越明确，建筑景观设计师可以快速地获取到设计所需的相关信息，这种快速获取信息的方式减少了设计师们的工作量，专业人士的数据也给建筑景观设计师的设计提供了有力的科学依据（图1-15）。

2. 获取勘测文件

科技的进步造就了设计的进步，卫星勘测技术将勘探文件变得快速化、立体化，这也为建筑景观

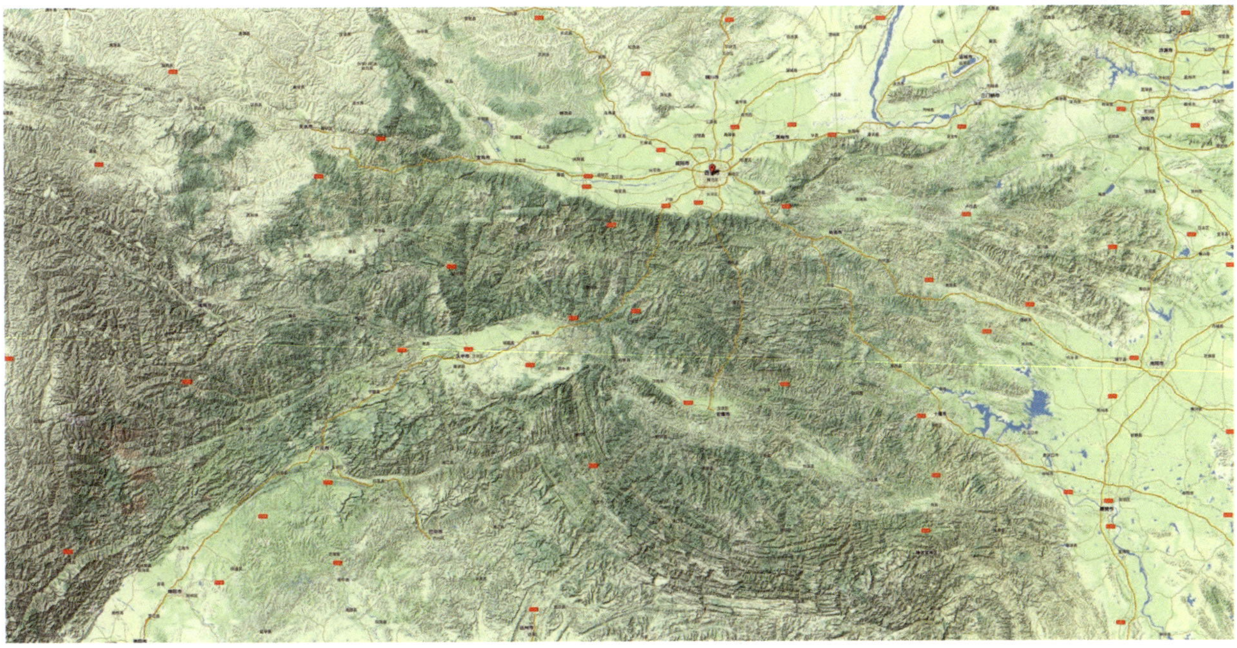

图1-15　建筑景观所属区域地形图

设计师们节约了不少精力。通过勘探文件可以了解到该区域特殊的地貌信息，地质土壤的垂直分布特性及发育状况等。

3. 勘查现场

实际的勘测能帮助建立最直观、最真实的印象，它具备真实性和全面性，同时它还包含了设计师对空间的感知，人类活动留下的信息和自然固有的信息之间的交织和碰撞以及人文历史的沉淀与累积等。

4. 其他资料、信息的收集

除此之外，设计师还要了解当地的风向、水位、水文、河流年变化情况、气候、寒暑变化情况、植被资源、动物资源以及查看当地是否有水利设施等，这些都会为设计师进行建筑景观设计提供辅助信息。

二、确定设计目标

1. 确定目标

（1）环境目的。建筑景观设计的目的是提升公众的生活质量和生存环境，同时也能有效地维护生态环境的平衡，减缓生态系统衰败的速度。

（2）社会目的。建筑景观设计的社会目的是传承历史文化，改善人与自然之间的矛盾关系，为公众生活提供可以娱乐、休闲和文化交流的场所。

（3）经济目的。建筑景观的建设可以有效带动商业的发展，为城市的复兴和经济崛起做出贡献。

2. 明确重点

在进行建筑景观设计时一定要明确设计的重点是合理开发景观空间，并将其与建筑有机结合，力求在有限的空间内为公众创造一个安全、舒适且美好的梦幻乐园。

3. 设定设计流程

设定设计流程在于依据设计目的和设计重点，制定相应的步骤来调研分析，细化建筑景观设计流程，减少设计工作量。可以按照不同的设计阶段来划分流程，也可以根据设计所需的时间来进行划分，总之，设定设计流程能更好地帮助设计师进行设计，会使设计变得更具条理化、逻辑化。

三、分析环境对象

1. 分析环境要素

要进行环境要素分析首先得了解清楚这些环境要素包含了什么，然后根据其特色进行具体分析。

（1）自然环境。指在正常情况下的生态环境，设计时主要分析气候、气温、降水量、主导风向、日照、地形等。

（2）自然景观。一般指建筑周边的景观，设计时主要分析其中山石、溪流、桥梁、植被、地形以及环境的特色等。

（3）人工环境。一般是指人工构筑的环境，设计时主要分析其土地使用状况、建筑物和构筑物状况、市政基础设施、屋外设备安置状况等。

（4）周边交通现状。可以调查以往的交通记录，查看通车量，分析范围主要包括周围街道空间容量、公共交通状况和停车场容量等。

（5）周边公共服务设施。主要包括运动设施、文化设施、商业服务设施、公交车站、标识等，设计时主要分析这些公共设施的使用人群，磨损率以及使用频率。

（6）条件和倾向。在设计时可以观察周边的自然景观有哪些特色，综合这些特色来进行设计，另外还要分析有利的自然环境要素和公共服务条件，了解清楚需要克服的问题。

2. 分析社会要素

（1）相关活动。主要分析休闲活动和文化活动的使用人群和使用频率。

（2）人口的社会属性。主要分析人口增长率，以及外来游客增减情况。

（3）社会安定性。主要分析景观场所事故发生率以及相关防护部门的作用率。

3. 分析经济要素

（1）土地和设施的所属情况。主要分析土地的所属权以及设施的盈亏比。

（2）其他。主要分析与建筑景观建设相关的房产、商业等的空置率和投资动向。

4. 分析调研对象

（1）管理机构。了解管理机构和群众组织的要求，并分析他们提出这些要求的目的、原因等。

（2）潜在使用对象。明确潜在使用对象是哪些人群，并分析其年龄、性别、职业、家庭状况、生活习惯、使用意识和条件要求等。

（3）使用者。主要分析使用者的年龄、性别、职业、家庭状况、使用距离、使用频率、使用理由和满意度等。

四、分析、评估场地

（1）根据调研结果绘制出相应的图表，依据图表可找出场地的主要景观特征，从而发掘建筑景观空间环境的显在价值和潜在价值。

（2）通过场地分析法，或者GIS分析法，并利用数据和计算机辅助，从技术层面上客观地分析场地景观环境条件，并完成一个比较符合大众需要的建筑景观。

（3）依据分析创建环境评估报告，确定无任何影响再进行下一步设计。

五、确定设计思想

（1）确定建筑景观设计思想，并作出相应的设计规划。

（2）依据之前对数据分析得出的结果，制定可以满足公众需求和环境保护要求的设计条件。

（3）设计要注意将生态保护原则放在首位，可依据公众的使用要求、使用人群和使用频率对建筑景观设计区域进行细致的分类，保证区域调整和功能要求不会产生冲突，这也更有助于商业街区的划分。

六、深化设计

（1）依据资料开始制作建筑景观设计的总平面图和相关模型（图1-16、图1-17）。

（2）细化设计各个功能空间，明确各个空间的具体设计要求。

（3）深化安全和疏散应急设计，可设置紧急避难场所和安全防护装置。

图1-16 建筑景观设计实物模型

图1-17 建筑景观计算机三维模型

（4）设计艺术作品，提高环境观赏性，完善绿化带、道路等设计细节。

七、预测、修正设计

（1）展开研讨会，推测建筑景观建设后会对生态环境产生哪些影响，并进行综合环境预测，研读评估报告，及时调整规划与设计方案。

（2）多听取相关管理部门和群众社会团体的意见，设立综合管理部门，以便更大强度地提高管理的便利性，节约更多的管理成本。

（3）建立有效的团队机制，可由行政管理机构、公众代表组织和专业规划设计师组成项目执行机构，三方成员各担其职，通力合作。

八、对比分析相关设计案例

（1）分析类似的优秀设计案例，结合设计条件，设计出更优异、更完善的建筑景观。

（2）收集并整理建筑景观空间相关的细节设计，例如，道路铺装、环境色彩搭配等，积极开拓设计思路，寻找更快捷有效的设计方法。

第四节　建筑景观设计的发展趋势

随着信息化和全球化的迅速发展，以及生态环境的不断恶化，建筑景观设计也必须加深其设计内涵，必须要在可持续发展和设计创新方面有更深层次的思想升华。

一、趋向可持续发展

可持续发展的设计理念是建筑景观能够长久存在的重要原则，主要体现在资源的可循环利用上，这种可持续发展的理念可以更好地提高人类的生存状态，能够更好地更合理地利用建筑景观中的各项资源，对于建筑与景观的和谐共存也有很大的益处（图1-18、图1-19）。

二、趋向人性化发展

建筑景观设计的人性化发展是必然趋势，这是因为建筑景观最终的使用对象是人，在设计过程中

图1-18　设计中预留景观面积

图1-19　绿化景观与建筑环绕

图1-20 人性化发展趋势

图1-21 居住区中的绿化景观

图1-22 艺术化发展趋势——照明具备艺术美感

必定要对人类的需求进行研究和分析，必须要将人类的物质需求和精神需求放在设计的重要位置（图1-20、图1-21）。

三、趋向艺术化发展

在未来，公众对美的要求会更高，相应的对于建筑景观设计的艺术美感要求也会更高，这不仅体现在建筑造型的特殊性和艺术性上，同时还体现在建筑色彩、灯光照明、建筑质感与光感、景观呈现形式以及景观与建筑的搭配等元素上（图1-22）。

四、趋向生态技术化发展

建筑景观设计的生态技术化发展，一是体现在新技术的运用上；二是体现在设计过程中深刻贯彻生态性设计理念，在设计上充分利用生态学的相关知识，以使建筑景观能够更贴合自然，更完善化。

补充要点

景观照明设计分类

1. 水体照明设计。水体照明设计要注意视觉上的处理，经过照明后的静态水可以产生丰富的倒影，在与周边建筑物相互融合时，会产生很好的艺术效果；动态水配合不同的灯光，会产生不同的视觉效果，也能为城市夜景增添光彩。
2. 建筑泛光照明设计。建筑泛光设计主要通过泛光灯对建筑物大面积的照射，在设计灯光时适当控制好灯具的照射角度，也许会形成意想不到的效果。
3. 建筑轮廓照明设计。轮廓照明在建筑照明中有两种方式：一种是以点连成线沿着建筑物边缘进行布灯；另一种是以连续光源来描绘建筑物的外部轮廓。
4. 植物照明。在进行建筑景观的照明设计时，可在植物的侧上方布置下照光，通过对光线照射角度的合理控制将植物的剪影巧妙地投影到另一物体上，使影子与植物的结合形成另一道极具特色的景观现象。

第五节　案例分析：鸣凤溥公园（扫码下载案例）

案例二维码

本节主要介绍鸣凤溥公园的规划设计。

补充要点

生态建设与生态化景观设计

进行生态建设时要注意以下几点：

1. 要依据不同功能和生态等级分区提出不同的生态建设要点。
2. 要侧重于改造自然的滨水区域，以人工生态系统为主，自然生态系统为辅。
3. 要侧重于保护自然的滨水区域，以自然生态系统为主，人工生态系统为辅。

进行生态化景观设计要注意以下几点：

1. 由于生态的系统性以及景观空间在城市开放空间中的重要地位，生态化的建筑景观空间设计不能只局限于局部场所的设计，而要与城市整个开放空间系统联系。
2. 在进行生态化景观设计时要从宏观角度考虑，区域生态规划以及城市生态规划和城市生态设计阶段都必须考虑在内。
3. 在生态化景观的整个设计过程中必须整体地看待生物圈中生态系统相互依赖的关系，必须牢记生态思维的一个最为重要的特点便是强调整体研究的重要性和必要性。

本章小结

建筑景观设计重点在于如何更好地将建筑与景观相融合，由于景观具有多变性，且更容易受到周边环境以及自然环境的影响，因此在设计过程中应当统筹全局，利用延展性思维来实现设计理念。

课后练习

1. 简述建筑和景观的概念。
2. 分点说明建筑景观的作用。
3. 举例说明建筑景观的设计理念。
4. 建筑景观设计专业就业有何要求?
5. 建筑景观设计有何特点?
6. 如何进行一次完整的建筑景观设计?
7. 搜集资料，分析建筑景观设计的发展趋势。

第二章

建筑景观设计分类

高清彩图
（扫码下载）

PPT 课件
（扫码下载）

» **学习难度：** ★★★☆☆

» **重点概念：** 古典建筑景观、住宅区建筑景观、城市区建筑景观

» **章节导读：** 建筑景观要结合当地的地形地貌、水域特征、陆域特征、历史文化特点、地理特征以及人文环境等综合设计，不同的历史时期，会形成不同特色的建筑景观空间。例如，古典建筑景观空间一般会给公众一种恢宏大气之感，无论是成群分布还是独立存在的建筑，或是规则设计的景观，都会遵从主次分明，依据空间内轴线关系的原则来进行具体的设计。设计师在进行建筑景观设计时，必须从宏观层面出发，细化到各分部，以设计出更符合时代特色和公众需求的建筑景观。

第一节　古典建筑景观设计

古典建筑景观设计多指在园林区域进行建筑景观设计，包括在园林内建设建筑景观和在园林外建设建筑景观，这两种情况在设计时都需以园林为主要参考对象，都需结合外部景观环境和园林内部建筑山石等来综合设计。

一、关于中国古典建筑

我国历史文化悠久，最初的建筑多是由木材和泥土建造而成，建筑最初只提供遮风挡雨的功能，随着历史的演变和思想、文化的进步，我国古典建筑在注重功能性的同时，也逐渐开始注重格局感和设计美感。

1. 发展演变

我国古典建筑的演变可追溯到六七千年前，在当时的奴隶社会就已经出现木构架建筑形式的雏形，而在公元前5世纪末的战国时期开始至清代后期，在这段封建社会时期，我国古典建筑发展不断成熟，建筑的设计开始逐渐与当时的宗教信仰、文化特色以及地域特征融合。

2. 建筑外形特征

中国古典建筑外形都具有屋顶、屋身和台基这三个部分，而屋顶形式丰富，导致最终所展现的建筑风格也有所不同，常见的屋顶形式包括硬山、悬山、歇山、庑殿、卷棚、攒尖顶、十字脊顶、盔顶、囤顶、草顶、穹隆顶、圆拱顶、单坡顶、平顶以及窝棚等（图2-1）。

不同屋顶，形式特点不同，在设计过程中可以根据需要选择，注意表现出建筑的特色，尽量在一个局部空间中统一形式。

（a）硬山

硬山顶造型简单、朴素，只有前后两面坡，且屋顶在山墙墙头处与山墙齐平，无伸出部分。

（b）悬山

悬山顶的屋檐悬伸在山墙以外，有两面坡。

（c）歇山

歇山顶的屋顶两侧侧面的上半部是直立的，能形成一个悬山式的墙面，有单檐和重檐之分。

（d）庑殿

庑殿式屋顶有四面斜坡，均为曲面，有单檐和重檐之分。

（e）卷棚

卷棚顶的双坡相交处为弧形曲面。

（f）攒尖顶

攒尖顶平面多为正多边形或圆形，顶部有宝顶。

图2-1　常见古典建筑屋顶形式

3. 建筑结构特征

中国古典建筑多用木构架结构，主要是以立柱和横梁来构成建筑的总框架，建筑的屋顶部分同样采用类似的梁架，并依据设计需要进行重叠。此外，在大型木结构建筑的屋顶和屋身的过渡处还会选用斗拱来进行过渡，斗拱主要由方木和横木叠垒而成，它可以很好地稳定建筑结构，但在历史后期，斗拱逐渐失去其结构功能，更多地注重于装饰功能。

4. 建筑布局特征

中国古典建筑大部分都是独立存在的，这种单个建筑物在布局设计时更多地需要考虑到地形条件及功能要求，并需要遵守共同组合的原则，一般主要的建筑物需要与次要的建筑物成对称格局分布，建筑的布局必须有注重点。

5. 建筑色彩和装饰特征

中国古典建筑所选用的装饰多为斗拱、梁枋等结构，同时还会借用绘画以及书法中的部分元素来作建筑装饰，色彩比较强烈，会依据等级不同使用不同的色彩。

二、关于西方古典建筑

西方古典建筑同样与当时的地域文化以及历史文化有关，不同时期所产生的不同思想观念，均会对当时的建筑景观产生不小的影响（图2-2、图2-3）。

1. 柱式类型

柱子是建筑中主要的承重结构，柱式一般由檐部、柱子以及基座组成，西方古典建筑常见的柱式类型有多立克柱式、爱奥尼柱式、科林斯柱式、塔司干柱式以及混合柱式等。

2. 柱式与雕刻

西方古典建筑多有雕刻艺术，柱子上也不例外，一般在建筑的山花、檐部、柱头、券洞、门套、屋脊、檐口及雨水槽等细节部位均会雕以纹饰。一来凸显沉稳、华丽的气质；二来观赏性也比较强。建筑和柱子上经常会雕刻植物、人物、纹样、动物、器皿以及文字等，植物多以棕榈叶、忍冬叶以及卷草为主题；人物多以神话或战争故事为题材；纹样多以回纹、连珠为主；动物多以狮、牛及怪兽为主；器皿多以兵器和贵胄为主；文字则多采用阴刻的手法雕刻。

三、古典建筑景观设计注意事项

下面介绍在进行古典建筑景观设计时需要注意的一些事项。

1. 因地制宜

设计时要合理进行分区，要尊重原有基地的自然生态肌理，依据场地特征和设计主题等将建筑景观空间划分为不同的功能区，并使每一个功能区都

图2-2　神庙古建筑

图2-3　公共会议厅古建筑

具备自己的特色（图2-4）。

2. 合理利用高差感

在设计时要有效利用地域高差，充分结合空间地形的现状高差，并合理利用道路、水体、植物及建筑等来塑造一种层次丰富的建筑景观效果。基地高差的变化可利用道路来体现，例如道路的立体化要依据地形的变化来进行设计，要针对不同区段的道路进行高低划分，以此来丰富整个区域内的空间层次（图2-5）。

3. 保持生态平衡

古典建筑景观的设计同样要遵从生态平衡的原则，在空间内应当栽植各类适合的植物，增强植物的多样性，以此构建湿地植物群落体系，形成湿地生态循环系统，还可利用中水回收系统，将水景处理手法的多样化营造与水质的维护相结合，做到循环式设计等。

4. 传承本土文化

在设计古典建筑景观时需要在设计中结合本土文化元素，这样可有效增强历史使命感，还可以运用现代方法对本土文化进行有效的展示，例如开展公演活动、展示文化墙等。此外，设计必须保护和更新建筑景观空间的历史文化，并传承风俗民情，展现古典建筑景观的独特魅力（图2-6）。

5. 丰富植物层次感

植物层次的丰富性包括空间上和时间上的变化，即在空间上因地制宜，利用地形高差和空间功能配置相应的植物，还能通过具体的疏密、大小排列、高低错落的划分等来塑造不同层次的植物景观空间；在时间上则依据当地季节的变化，种植不同季节的植物，以使整体建筑景观的色彩更丰富。

图2-4　因地制宜设计

图2-5　道路高差

图2-6　传承文化的设计

补充要点

建筑景观中水体空间的分类

依据水体的走向、形状、尺度的不同，主要可分为线状空间、带状空间和面状空间三种。线状空间指狭长、封闭，有显著的聚焦性和方向性的水体区域；带状空间指水面较为宽阔，由两岸建筑、绿化等构成侧界面的水体区域；面状空间则指水面宽阔，尺度较大，形状不规则，侧界面对空间界定较弱，空间十分开敞的水体区域。

第二节　现代建筑景观设计

随着古典建筑景观的旧形式和新内容的矛盾不断加深，公众对建筑的要求不断增多，对建筑景观空间的功能性越来越重视，设计师们不得不掀起了新建筑的热潮，现代建筑景观也因此产生并发展起来。

一、设计特点

现代建筑景观设计主要有以下几个特点。

1. 多元化和可识别性

时代在进步，科技在发展，现代建筑景观设计也逐渐趋向多元化发展，这主要体现在材料、技术的多元化，设计师们会更多地运用声音、色泽、材质、光影、植物、地形、水体以及建筑等来创造新的建筑景观空间（图2-7）。此外，现代建筑景观还能影响和组织周边环境，其造型美感和所传达的情感都具有比较强的可识别性。

2. 现代与历史结合

现代建筑景观设计并不意味着完全摒弃传统的设计元素，而是取其精华，弃其糟粕，在设计中依旧会使用到已经被社会所认可和欣赏的历史形象和历史定义，并在传统的设计形式和设计内容之上进行发散思维，使设计既能有效融合现代文明和历史文化，同时又能显示建筑景观自身的审美感和设计感。

3. 艺术与科学结合

建筑景观的形成需要有机结合科学技术与现代艺术，这是设计的重点，现代建筑景观设计需要在具备艺术审美的基础上，同时也兼具实用价值，在设计中合理地使用科学技术，包括建筑结构的设计以及建筑景观格局的布置等均应当符合一定的科学规律（图2-8）。

4. 建筑与生态环境结合

可持续发展是现代建筑景观的大发展方向，结合自然设计，维护生态平衡是现代建筑景观设计必须要考虑的一点，只有尊重环境，保护生态，现代建筑景观空间才能长久地发展下去。

二、设计理念

这里主要介绍现代建筑景观设计的人性化设计理念和生态化设计理念。

图2-7　多元化的现代建筑景观

图2-8　艺术与科学结合的现代建筑景观

1. 人性化设计理念

人性化设计理念要求现代建筑景观设计必须充分考虑到公众的行为习惯、生理结构、心理情况以及思维方式等方面，设计要能满足公众的心理需求和精神需求，要能展现出应有的人文关怀，要体现出对人性的尊重，要能增强公众的体验感和愉悦感等（图2-9）。

（1）思想内涵。人性化设计的关键在于尊重人和关怀人，这包括有物理层面的关怀、心理层面的关怀、社会层面的关怀和对弱势群体的关怀。物理层面的关怀指在建筑结构以及建筑细节的设计上能给予公众舒适感，在设计中要巧妙地运用人机工程学；心理层面的关怀指现代建筑景观所传达的情绪应是正面的、积极的，并能够缓解建筑与公众之间冷冰冰的关系，增强公众和建筑、环境之间的互动感；社会层面的关怀指设计师要对人的生存环境表以关怀，要长远考虑，设计要对社会有益，对生态环境有益；对弱势群体的关怀则体现在所设计的建筑和景观要能最大限度地消除弱势群体由于自身身体不便而产生的障碍，使其可以和其他群体一样感受建筑景观，融入建筑景观空间。

（2）设计原则。人性化现代建筑景观设计需遵循以下原则。

1）以人为本。要求设计必须重视公众的利益与需求，必须重视公众在建筑景观空间中可能会产生的心理变化和行为变化，必须协调经济性、文化性、功能性、先进性和系统性，必须强调人的发展，必须注重人与自然的和谐发展等。

2）可持续性发展。要求设计必须重视建筑景观建设对城市、生态以及人的影响，在设计中必须保证生态环境、地域文脉以及空间效率的可持续发展，设计必须着眼于社会与未来，要为自然而设计，为人而设计，还要能传承历史文化，保持社会网络，增强自然、人及建筑之间的联系。

3）兼具整体性和系统性。整体性指建筑景观系统内部要素的稳定，包括整体材料、结构、色彩以及功能等要素的稳定，所有构成建筑景观空间的要素要能和谐共存；系统性指建筑景观空间内部布局要有秩序，要规范化，要能在变化中寻求系统的统一。

4）兼具弹性和动态性。要求在设计过程中及时反馈设计信息，并比对原有的设计信息，对其进行分析和修正，并结合相应的政策，为建筑景观设计提供更全面的约束条件，使其设计更合理。

（a）

（b）

（c）

图2-9　人性化的现代建筑景观

2. 生态化设计理念

生态化设计理念的核心思想是建筑与景观，建筑与生态和谐共存，设计主要依据生态系统学的相关内容来开展相应的设计工作（图2-10）。

（1）生态思想。生态化设计理念强调人与自然的和谐共存，强调人工环境与自然环境之间的有机融合，设计必须满足以下要求。

1）设计要自然适应场所。建筑景观与周边自然环境之间的融合必须自然化，不可过于刻意化，设计不仅要尊重自然，同时还要注重建筑景观环境与地球整体自然环境之间的协调感；设计还需将自然中的元素，如水、土壤等有机地融入建筑景观空间中。

2）设计要运用新技术。包括对生态型新技术的信息关注，对生态条件的优化配置等，运用经过核验的新技术能够更合理地安排和组织好建筑景观与其他相关环境因素之间的关系，也能增强建筑景观与周边环境之间的互动。

3）设计要合理选择材料。包括对植物材料和建筑材料的合理选用，选用健康、无污染的建筑材料，并巧妙运用当地或建设场地原有的建筑材料更能体现生态化的设计理念。此外，在进行建筑景观设计时也不应排斥对当地环境适应性强，观赏价值和生态价值都比较强的植物。

（2）设计方法。主要有以下几种：

1）对可再生资源的合理利用。在生态化的现代建筑景观设计中，常会运用到风能、太阳能以及地热能等可再生资源，这些资源的再利用能够有效减少建筑能耗，降低环境污染的可能性。

2）巧妙运用自然光。在设计过程中可以通过调整建筑结构和植物布局形式，来帮助空间内获取合理的自然采光，这样不仅可以减少热量的流失和制冷能耗，同时自然光和建筑结构之间所形成的光影也能为整个建筑景观空间带来比较引人注目的视觉效果。

3）合理利用废弃材料。应当从建设建筑景观所遗留的材料中挑选出可用的材料，将其重新组合，使其具备实用价值和观赏价值。

（a）

（b）

（c）

图2-10　生态化的现代建筑景观

4）合理布局植物。不同高度、种类的植物有不同的搭配方法，设计时应当结合该区域的建筑风格、功能特点以及色彩要求等来合理布局植物，注意主次分明。

三、设计流程

现代建筑景观设计的流程如图2-11所示。

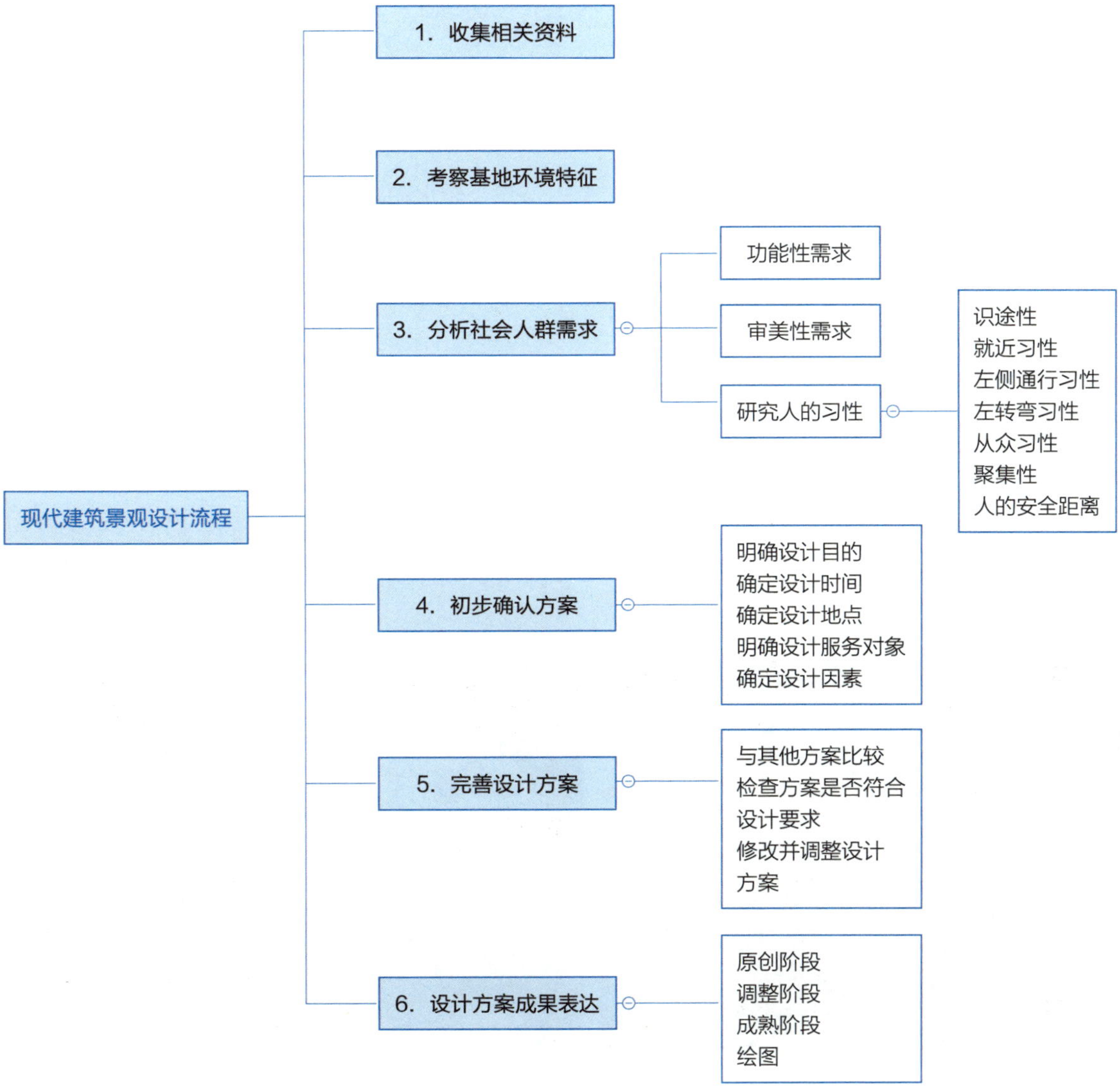

图2-11 现代建筑景观设计流程

设计现代建筑景观时应当重视人的安全距离，这包括亲密距离、个人距离、社会距离、公众距离以及公众的惯用习惯等，且在进行方案比对时，要确定该方案是否可行，设计方案中的项目是否为必要项等。

第三节 住宅区建筑景观设计

住宅区建筑景观设计同属于现代建筑景观设计，它是指以城市中经过设计规划后建设的住宅区为对象，在满足其基本生活需求的基础上保证住宅区的各项功能要求，并对其进行生活居住用地综合性的规划，使其符合使用、经济、安全、卫生、施工及美观等几方面的要求的一项设计工程。

一、自然景观

1. 溪流景观

住宅区的溪流一般溪面较窄，在进行住宅区景观设计和规划时要注重各个功能区域之间的联系，溪流景观的设计充分将中国山水园林中溪涧的意境赋予了住宅区，这使得住宅区与自然能完美融合。

（1）分类。一般情况下，溪流景观可分为可涉入式和不可涉入式两种。从安全方面考虑，可涉入式溪流景观的水深要控制在300mm以下，同时，水底可铺设防滑装置，考虑到住宅区儿童会在溪流中玩耍，设计时应当在可涉入式溪流景观中安装水循环和过滤装置；不可涉入式溪流则应当在溪流前设立不可踏入标牌，警示住户，另外建议种植一些适应当地气候条件的水生植物，可以增强整体的观赏性和趣味性（图2-12）。

（2）设计方法。在设计溪流景观时可选用溪流周边的散石，同时搭配溪流中的水生植物，共同创造一个自然化的景观，还可以适当增加溪流的宽度，拓展视野，加大展示范围。另外，溪流的设计形态应依据溪流的流速、深度、水质条件等进行综合化的设计。

2. 叠水和跌水

跌水和叠水在读音上一致，但内涵上却大有不同，跌水和叠水的组合增强了水花飞溅的力度，加大了空气的湿润感，可以有效过滤空气中的尘埃，对于住宅区的建设有重大意义，水花相撞的声音也形成了一曲美妙的音乐，两者结合还能产生一种独特的景观效果，且跌落的水花会携带空气中大量的氧气，对于水中的水生植物的生长也会有很好的作用（图2-13、图2-14）。

（a）可涉入式溪流

（b）不可涉入式溪流

图2-12 住宅区溪流景观

图2-13 叠水

图2-14 跌水

图2-13：叠水是水顺着台阶往下流，是一种横向铺展的过程，它能增强景观的层次感，如果和跌水结合，不仅可以丰富景观的层次感，同时还能产生不错的视觉效果。

图2-14：跌水是类似瀑布一样直上直下的流淌，是一种纵向跌落的过程，设计跌水还能运用废弃的啤酒瓶，色彩丰富的啤酒瓶能给跌水带来流光溢彩的视觉效果，还能增强整体设计的艺术感，一定程度上也能节约能源。

二、人工景观

1. 水池景观

水池景观主要可分为生态水池和游泳池，生态水池面积较小，两者在住宅区内属平级关系。

（1）生态水池。可有效美化环境，改善住宅区的空气质量，它比较适用于水下植物的生长。一般生态水池的深度应根据饲养鱼的种类、数量和水草在水下生存的深度而确定，大致为0.3～1.5m（图2-15）。

1）生态水池在设计时，池壁与池底需平整，池壁与池底应以深色为佳，深度不足0.3m的浅水池，池底可做艺术处理，例如，铺设色彩丰富的鹅卵石等。

2）由于住宅区内有宠物的存在，为了避免水生植物遭到破坏，池边平面与水面需保证有0：15m的高差，池底与池畔建议设置隔水层，池底隔水层上可覆盖0.3～0.5m厚的土，并种植水草，这样能使生态池的生态系统更完善，便于建造一个动物和植物能够和谐相处、互生互养的生态环境。

（2）居住区游泳池。一般以休闲娱乐为主，设计主色多以蓝色调为主，比较能够安定人的心灵，舒缓人的身心（图2-16）。

1）游泳池的设置要符合规定，一般儿童游泳池深度设置为0.6～0.9m比较适合，成人游泳池深度设置为1.2～2m比较适合，另外还要设置水循环系统，定时更换新水，保持泳池内的整洁度。

2）泳池的造型可以是方形，也可以是圆形，要依据住宅区的整体风格来设计。

3）儿童泳池与成人泳池可统一考虑设计，可将儿童池放在较高位置，水经阶梯式或斜坡式跌水流入成人泳池中，这样既保证了安全又能增强趣味性还丰富了亲子活动的类型。

4）设计时还需注意池岸必须作圆角处理，以免儿童被碰伤，在池底建议铺设软质渗水地面或防滑地砖，泳池周围可以多栽植灌木和乔木，并提供休息和遮阳设施，有条件的小区可设计更衣室和供野餐的设备及区域。

图2-15　生态水池

图2-16　游泳池

补充要点

压力喷浆

压力喷浆，即将水泥砂浆喷射到混凝土表面，现在已普遍地应用于游泳池的建造之中，其内部装饰与混凝土游泳池大致一样。

图2-17　静态水景

图2-18　动态水景

2. 广场景观

住宅区的广场同样需要具备休闲、娱乐、交流等功能，作为住宅区内面积比较大的一个活动场所，广场景观的设计要独具特色，依据水体的流动形式可将广场的水景分为静态水景和动态水景，静态水景比较适用于水域面积较大的区域，主要表现一种宁静之美（图2-17）。

动态水景比较适用于水域面积较小的水景，一般是人工水景，例如喷泉、跌水等，动态水景在设计时不能太空泛，要能体现其生动感和活力感，可以搭配灯光或者音乐，配合灯光和音乐节奏的变化，动态水景的样式也发生改变，这样也能给动态水景增添更多的趣味性（图2-18）。

此外，还有其他类型水景观，如水帘幕、管流、汀步池等，都在住宅区得到广泛使用。

第四节　城市区建筑景观设计

城市区建筑景观设计同属于现代建筑景观设计，包括有港口区滨水景观、河流区滨水景观及广场区滨水景观等。

一、港口滨水景观

港口是水陆交通的集结点和枢纽，可以停泊船只和运输货物、人员，多位于洋、海、河流及湖泊等水体上，如上海港、深圳港、青岛港、天津港、广州港、厦门港、宁波港及大连港等。港口作为与城市经济发展密切相连的区域，其滨水景观不仅需具备观赏功能，还需具备水陆联运的功能（图2-19）。

港口发展要求有比较好的自然条件和经济腹地，广阔的水陆域、适合的泊位水深以及良好的气象条件等都是港口发展的必要保证；港口必须具有完善与畅通的疏运系统，才能成为综合交通运输网中重要的水陆交通枢纽，在进行港口滨水景观设计时要重点考虑这一点。

港口滨水景观主要由以下几部分内容构成。

1. 港口水域景观

港口水域主要包括港池、航道与锚地。港池一般指码头附近的水域，它拥有足够深度与宽广的水域，可供船舶停靠驶离时使用。港口水域景观主要指港口水域风光，是指以水体为中心，在地质地

（a）港口景观造型

（b）港口景观与建筑

图2-19 港口景观

貌、气候、生物及人类活动等因素的配合下形成的不同类型的港口水体景观的总称。对于开敞式海岸港口，如青岛、烟台等，为了阻挡海上风浪与泥沙的影响，保持港内水面的平静与水深，必须修筑防波堤，防波堤的形状与位置，可根据港口的自然环境来确定（图2-20）。

2. 码头景观

码头是海边、江河边专供乘客上下、货物装卸的建筑物，通常见于水陆交通发达的商业城市。码头景观主要由江河、海以及周边的建筑物构成（图2-21）。

（a）防波堤

（b）曹妃甸港口水域景观

图2-20　港口水域景观

（a）渔人码头

（b）克拉码头

图2-21　码头景观

补充要点

滨水景观设计的相关内容

由于滨水景观设计是一个立体化的、系统化的设计，在进行具体的设计时要处理好以下几个层面的关系。

1. 地理层面。滨水景观在地理上具有唯一地球坐标性，它会与地球自身运转中的山、水等产生各种直接或间接的关系，在进行滨水景观设计时一定要处理好设计对象与周围地理环境的关系。
2. 生态层面。不同的时代，随着经济的进步和文化的不断改革与创新，滨水景观设计的指导理论和评价标准也会有所不同，例如在农业时代，滨水景观设计讲究庭园的唯美论；在工业时代，滨水景观设计讲究以人为中心的再生论等。
3. 空间层面。滨水景观设计空间形式的改变是人类有意识、有目的、有策划、有设计的改变，在进行滨水景观设计时一定要认真考虑并处理好这种空间层面上的改变。
4. 美学层面。滨水景观设计是将自然美与社会生活美相结合的、极具美感与功能性的一种设计，如果仅有自然合理的安排而没有美学处理，这样的滨水景观是会被社会淘汰的。设计要求在美学的基础上能够对上述基质进行一定的艺术升华处理，这样才能创造出优秀的滨水景观设计作品来。

二、河流滨水景观

河流滨水景观指城市河道的建设，由于有一些城市河道处于城市边缘，对于城市外围有一定的装饰作用，而且对城市的形象也会有所影响，因此，城市河流滨水景观在建设时要兼具装饰功能和防洪功能。在设计城市区河流滨水景观设计时应当遵循生态优先、开发在后的原则，这样才能使城市区河流景观设计更加符合公众的审美和城市建设的要求（图2-22）。

河流滨水景观设计在设计时要遵守相关的设计原则，这些原则有助于更好地建设城市河流滨水景观。

1. 遵循行洪安全的原则

城市大都依水而建，河流密集的地方必定人口也密集，在设计河流滨水景观时就必须要考虑其防洪功能，确保行洪安全，在开发建设时要确保河流有充足的行洪断面，必要时可以拓宽河道断面，另外还必须修筑堤防、护坡、驳岸等。

2. 遵循文化保护原则

在设计城市河流滨水景观时要同时考虑自然景观的整治和人文景观的保护，要重视人文景观和自然景观的呈现，并将二者融合呈现出最具美感的设计，使河流滨水景观充满生动性，使区域内的文化更具有历史延续性。

3. 遵循因地制宜的原则进行设计

每一条河流都有其独特的地貌特征和水流特色，依据河流的涨水规律，当地的降雨量分析，河流的水质情况以及河流周边的土质情况等综合分析，因地制宜地进行设计会更有利于建设河流滨水景观。

（a）　（b）　（c）　（d）

图2-22　弥尔河公园

三、广场滨水景观

广场滨水景观在设计时要注意以下问题。

1. 设计要注重生态保护

生态保护是永远不变的主题，在设计广场滨水景观时要注意保护水生植物和陆地植物的多样性，要完善工业排水问题，确保施工用水不会对水环境造成影响，在进行驳岸设计时应当尽量选用软质驳岸，要重视植物在滨水广场中的构成作用，更要注意统一协调水域景观与植物景观的共生关系。

2. 设计要兼具娱乐和商业的功能

滨水广场大都处于城市的中心，地理位置较好，人流量较多，在设计时要注意拓展其娱乐、休闲、购物等的功能，以此来增强滨水广场景观对公众的吸引力，提高公众参与度与互动感，增加建设完成后公众的使用率，如此才能更快地达到设计与城市相容的目的。

3. 设计要注重丰富景观的层次感

丰富景观的层次感能带来更引人注目的视觉盛宴，可以针对水的不同表现形式，广场的设计形式、水景的丰富多样化以及不同设施设计的趣味性来丰富滨水广场景观的层次感，这样也能为公众营造出有别于普通城市广场的气氛。

4. 设计要注重提高场地的灵活度

要提高场地的灵活度需要充分结合当地的地理环境和周边的经济环境，并经过仔细勘察、分析及评估等设计出适合城市，适合公众的、便捷的、多样化的滨水广场（图2-23）。

（a）

（b）

图2-23　广场滨水景观

补充要点

现代建筑景观设计的实践方向

1. 由规则式向自由式方向演变，并且与东方的“尊重环境的自然水系”观念越来越融合。
2. 生态、环境、可持续发展的观念普及，建筑景观一方面要与环境协调；另一方面要运用高技术手段去实现更新的创作。
3. 在创作中将建筑、雕塑、景观、大地艺术融为一体进行综合创作。

第五节 案例分析：芝加哥河畔步道景观设计（扫码下载案例）

案例二维码

本节将以芝加哥河畔步道景观设计为例进行具体讲解。

本章小结

无论是古典建筑景观设计还是现代建筑景观设计，它们的服务对象都是人，设计都要求与自然环境能够和谐共存，且在当今这个经济、文化都发展迅猛的时代，建筑景观设计也将更注重可持续发展和生态化发展，设计需要结合当今的环境形势和新兴生态科技，这样才能设计出既立足于生态，又能维持生态平衡的建筑景观空间。

课后练习

1. 简述中西古典建筑的特点。
2. 分点说明古典建筑景观设计的注意事项。
3. 分点阐述现代建筑景观设计的特点。
4. 现代建筑景观有何设计理念？
5. 现代建筑景观具体如何进行设计？
6. 住宅区自然景观的设计包括哪些内容？
7. 河流滨水景观要遵循哪些设计原则？
8. 广场滨水景观有何设计要点？

3

第三章

建筑景观设计要点

高清彩图
（扫码下载）

PPT 课件
（扫码下载）

» **学习难度：** ★★★★☆

» **重点概念：** 设计类型、设计法则、设计方法

» **章节导读：** 所有的设计都要遵循一定的设计法则，具有逻辑性和科学性的设计方法能够帮助设计师们设计更稳固，更具有特色和时代魅力的建筑景观。在未来的建筑景观设计中，随着科技和思想的进步，设计的法则与方法必定会有所更新，了解这些法则与方法，并巧妙地运用到建筑景观的设计中，不仅会使设计更具有研究性，同时也更考验设计师们的综合能力。

第一节 了解设计类型

建筑景观的不同类型意味着在设计时要考虑更多的因素，要更多地结合实际情况来进行设计，不可凭空想象，要注重实用性。

一、入口型建筑景观

入口型的建筑景观首先需要具备一定的功能性，即划分空间，控制车流和人流等；其次还需具备一定的观赏性，要能制造一种和谐的空间氛围，能美化周边的环境，以达到吸引游览者视线的作用。入口型的建筑景观还需具有独立性，建筑和景观本身特色的魅力和功能要能给予游览者一种美的享受，同时还能通过对建筑景观空间的自然分割来扩大空间感。

1. 常见大门和入口的形式

时代在变化，入口型建筑景观的大门也有了新的改革，常见入口处的大门形式有山门式、牌坊式、阙式、柱式及顶盖式等，此外还有小品建筑构成的入口、原山石构成的入口、石筑门、亭台结合自然山石形成的入口等（表3-1）。

表3-1 常见大门和入口形式

大门和入口形式	图示	特点
山门式大门		山门式大门比较传统，导向性和标示性比较强，造型和结构很有新意，建筑外形轮廓线条比较简洁，比例十分协调，历史感比较强
牌坊式大门		牌坊式大门颇具对称美，样式设计比较简单，有门楼式牌坊和冲天柱式牌坊之分
阙式大门		阙式大门多给予观者一种庄严和肃穆的感觉，造型简单，稳定性比较强
柱式大门		柱式大门由独立柱和铁门构成，门比例比较细长，柱体多具备对称性，整体视觉效果比较好，但也有部分柱式大门为非对称形式

续表

大门和入口形式	图示	特点
顶盖式大门		顶盖式大门主要是指在承重构件上设计有顶盖的大门，一般有平顶、拱顶和摺板顶之分，应用范围比较广
小品建筑构成的入口		小品建筑构成的入口能很好地与建筑群呼应，同时也能有效增强建筑群的空间层次感
原山石构成的入口		原山石构成的入口比较贴近自然，且造型简单，更具地域特色
石筑门		石筑门入口所使用的材质具有很强的朴素感，造型比较浑厚、古朴，入口也能很好地和周边环境相结合
亭台结合自然山石构成的入口		亭台结合自然山石构成的入口主次分明，既是入口，同时也可以观景，视觉效果比较好

2. 入口型建筑景观的设计要点

入口型建筑景观主要有以下几个设计要点。

（1）合理选择入口位置。入口是连接城市与建筑景观空间最重要的纽带，为了方便游览，应当依据周边交通情况以及自然环境设计主入口，然后再依据不同分区设置不同的分入口，务必确保游览者可以有进有出，且入口处还需宽敞，以满足游览者和游览车辆的正常通行（图3-1）。

图3-1 宽敞的主入口

（2）考虑人流和车流。入口型建筑景观的设计要充分考虑到当地的人流量和车流量，要充分结合当地的道路环境，设计人车分流机制，这样也能使人、车更通畅地进出建筑景观空间，人员集散也会比较安全、迅速。

（3）注重建筑形象处理。建筑要具备独特性，在设计时要凸显建筑的特色，主要可以从建筑的高度、排列形式、色彩、比例以及材质等方面来体现。此外，建筑还要能与周边环境自然地融合在一起，在建筑细节的处理上要注重建筑纹理的体现（图3-2）。

图3-2　建筑形象处理

补充要点

景观的个性化原则和尺度性原则

1. 个性化原则。景观的个性化原则主要体现在景观是不可替代的，它所特有的魅力会受到环境的影响，但景观所具备的历史特性和地域特性不会轻易改变。
2. 尺度性原则。景观的尺度性原则主要体现在景观具有生态平衡感，景观需要与周边环境相协调，它的设计要能满足空间与尺度之间的对应和均衡。

二、服务型建筑景观

服务型建筑景观和休闲、娱乐型建筑景观一样，都能为游览者提供饮食、摄像及购物等功能，在设计时要注重选址，设计必须注重安全性、舒适性、易达性、审美性以及特色性。

1. 服务型建筑

（1）茶室。茶室的外观能很好地体现出地方特色，一般多以馆、楼、榭或亭的形式出现在游览者眼前，茶室的布局和设计不仅要充分结合周边的自然环境，同时还需创造出既具备服务功能又能有效点景和观景的建筑景观（图3-3）。

图3-3　茶室

（2）接待室。接待室可以为游览者提供休憩和观景的空间，接待室的设计要因地制宜，建筑要能营造一种宁静的氛围，要考虑设计是否能与周边自然环境有效的融合，是否能在凸显建筑特色的情况下彰显建筑景观的整体感和空间感（图3-4）。

（3）餐饮建筑。餐饮建筑是服务型建筑景观设计中比较重要的一部分，它可以为游览者提供饮食、休憩等功能，餐饮建筑的规模要参考当地的客流量，同时餐饮建筑还需与各景点保持一定的距离，要能与周边交通相连（图3-5）。

图3-4 接待室

图3-5 餐饮建筑

图3-6 摄影部

图3-7 购物区

（4）摄影部。摄影部主要销售和租赁摄影器材，同时也可提供摄影服务。摄影部一般设置在建筑景观主景点、分景点或主入口处，交通联系比较便利（图3-6）。

（5）购物区。购物区主要为游览者提供购物、娱乐的功能，购物区内建筑要与整个建筑景观的风格保持一致（图3-7）。

（6）游船码头。游船码头可提供休憩、赏景和游湖的功能，设计时要注意与周边环境相结合（图3-8）。

图3-8 游船码头

2. 服务型建筑景观的设计要点

（1）因地制宜。服务型建筑景观的设计更多的要与周边的地形、地貌有机地融合在一起，要追求人工与自然的高效统一，要保护其中的一草一木一石，要充分发挥地域环境中的有利因素，创造布局更灵活，成景更具章法，建筑与基地结合更完美的建筑景观（图3-9）。

（2）主次分明。建筑具有比较好的构图作用，

图3-9 因地制宜

图3-10 统一、协调

在服务型建筑景观设计中，要处理好建筑和周边自然风景的从属关系，建筑要起到衬景、点景的作用，自然景观与建筑也须相辅相成。

（3）统一、协调。建筑的规模、色彩、内外部材料以及细节构造的设计都应当与周边环境相协调、统一，如果因为某种特殊原因而要新建建筑，则新建建筑应当与原始建筑保持一定的距离，且新建建筑的色彩、材料等不可与原始建筑差别过大，以免造成视觉上的矛盾感和不适感（图3-10）。

（4）内外相融。这里所说的内外相融是指建筑内部与外部的景观能够相互渗透，在建筑内部能够很好地观赏到建筑外部的景观，建筑与周边的自然环境没有很清楚的分界线，且建筑内外部的过渡空间也不会太突兀。

补充要点

湿地

湿地是指在不同时期，天然或人工、长久或暂时形成的沼泽地、泥炭地或水域地带，带有或静止，或流动，或为淡水、半咸水、咸水等，包括低潮时水深不超过6m的水域，还包括滩涂、河口、河流、湖泊、水库、沼泽、沼泽森林、盐沼及盐湖、海岸地带的珊瑚滩等区域。

湿地概念具有以下特征。

1. 湿地的概念更多的是从生态环保角度来论述的。
2. 湿地是以水域为核心，以陆地部分为从属。
3. 湿地是与人类活动有一定疏远性的区域。
4. 湿地是更适合野生动物栖息的区域。

第二节 熟读设计法则

“无规矩不成方圆”这句话在哪里都适用。熟读建筑景观的设计法则不仅仅是为了创造更具艺术魅力和科学性的建筑景观，更是为了给以后的设计师们提供良好的参考案例和设计经验。

一、注重生态保护

1. 保护自然景观资源

自然景观资源主要包括原始自然保留地、原

图3-11 保留原始的自然植被

图3-12 合理利用资源

始自然山体、原始自然坡地、原始自然森林、原始自然湖泊、历史文化遗迹以及面积较大的植物板块等，保护自然景观资源不仅仅是为了保证建筑景观设计的可持续发展，同时也是为了维持城市与景观之间的平衡以及建筑与景观之间的平衡（图3-11、图3-12）。

2. 确保景观的整体优化

景观除具备独立性外，同时还具备多样性，这主要体现在景观的样式和植物的品种上，在进行建筑景观设计时必须要保证景观系统的功能性、整体性以及连续性，要依据实际情况，结合周边的地形环境以及当地的文化环境来实施对建筑景观的生态化保护。

补充要点

滨水景观空间分类

1. 线状空间。线状空间是指狭长、封闭，有显著的聚焦性和方向性的滨水区域，主要集中在狭小的河道上，有建筑群和绿化带形成连续的，较封闭的侧界面。
2. 带状空间。带状空间指水面较为宽阔，由两岸建筑、绿化等构成侧界面的滨水区域，带状空间的空间界定作用较弱，空间较为开敞。
3. 面状空间。面状空间指水面宽阔，尺度较大，形状不规则，侧界面对空间界定较弱，空间十分开敞的滨水区域，面状空间中水面的背景较大。

二、以人为本

1. 考虑使用者的各项需求

建筑景观设计是否能满足使用者的各项需求，是衡量其设计是否符合以人为本法则的重要尺度之一，在设计时，要求设计师们将一部分重点放在使用者身上，并在设计中要能充分体现尊重人、理解人的概念，同时还要能依据人在不同环境下所产生的心理和行为，来创造出一个更具有多变性和适应性的景观空间。

此外，在这种以人为本的设计理念下，建筑景观既要强调人的长久发展，又要关注自然与环境资源的可持续性发展，以求达到人与自然的和谐共生，同时还要能综合地表现出系统性、功能性、文化性、经济性以及先进性，且这些特性都能很好地统一协调在一起。

2. 了解使用者的心理

了解使用者的心理能够帮助设计师们更明确建筑景观所应具备的功能，同时也能更好地达到满足使用者需求的目的。在设计前期，可以实地考察，多方咨询，收集使用者的想法和意见，然后归纳、总结、分析，务必使设计能满足使用者的物质需求和精神需求（图3-13、图3-14）。

此外，建筑景观空间还要能综合处理使用者与使用者之间、使用者与环境之间的各种关系，并解决建筑景观内部使用功能、舒适美观性以及环境气氛等各种问题，而这一切都与使用者的行为心理和视觉感受密切相关，需要设计师们深入研究。

图3-13　在视觉上使人有舒适感的景观

图3-14　视野通透的景观，给人愉悦感

补充要点

建筑景观设计所要考虑的心理需求

1. 要保证通达性与公共性。公众需要私密的空间，同样也需要自由开阔的公共空间，人们希望能通过建筑景观与大自然充分接触，在进行建筑景观设计时要充分考虑空间的通达性与公共性。
2. 要保证领域性与私密性。公众希望与他人交流，但在交流的过程中又希望能有一个私密的空间。领域性与私密性可以理解为在保证有安全感的前提下，大众从生理和心理上对自己的活动范围要求有一定的领域感，或领域的私密性，从而有效增强在心理上的安全感。

三、可持续发展

可持续发展的重点在于目前所设计的建筑景观既要能满足公众的各种需求，同时又不会给未来的环境造成无法挽回的危害。建筑景观设计的可持续发展法则要求在设计之前重点研究建筑景观的演变对人类以及城市会有何种影响，并着眼于未来、社会和环境进行具体的设计。

1. 生态环境的可持续性

设计因尊重而更具有意义，生态环境的可持续性要求设计师们在设计建筑景观时要尊重自然，设计的每一个细节都要考虑到是否能与自然环境和谐相融，是否会对自然环境造成破坏，是否会影响自然环境与建筑、与城市之间的平衡等。

此外，为了更好地维持生态环境的可持续性，对构成景观环境之一的植被要有一定的了解，如植被的生长习性，植被的生物多样性特征等。在设计的过程中，要力求自然与建筑，自然与文化的有机结合，要能在保持自然原本特色的前提条件下，使建筑景观达到一个设计与当地风俗文化以及自然景观相融合的境界（图3-15）。

2. 地域文化的可持续性

建筑景观与城市是紧密相连的，因此它的设计必将呈现出浓郁的地域性，不同的区域拥有不同的地域特征，其地形、地貌、水流、降水量等都会有些许的不同。地域文化的可持续性即是要求在建筑景观的设计中仍旧能够彰显出城市记忆和历史记忆。

随着如今全球化进程的不断扩大，许多的建筑景观所独有的城市记忆正在慢慢消失，维持对城市记忆的延续，成了设计师们必须要考虑的问题。地域文化的可持续性不仅仅需要设计师们去研究、分析历史，同时还需要设计师们结合当下的时代境况，在保持地方特性的基础之上为建筑景观注入新的设计思想（图3-16）。

3. 空间效率的可持续性

建筑景观可分割为不同的空间，而空间的构成则需要依据周边环境以及社会需求来定。建筑景观空间效率的可持续性要求设计必须强调长期的环境效率、资源效率和整体经济性，并在此基础上提高空间效率；建筑景观的外部空间设计还需综合考虑自然环境和社会方面等各种要素。

建筑景观经过长期积淀后，其自身就拥有着比较明显的历史文化特征，要维持建筑景观空间效率的可持续性，对于其所表现出来的历史文化特征的保护和发扬就势在必行，尤其是对建筑景观中历史文化地段独有的自然环境和空间要素，如历史性建筑或历史

图3-15 生态环境的可持续性

图3-16 地域文化的可持续性

性标志物等应采取适当的保护措施，并通过环境的延续性来达到延续历史文脉的作用（图3-17）。

图3-17 空间效率的可持续性

四、功能和结构要合理化

1. 满足功能的合理性

功能的合理性主要表现为实用和适用，在进行建筑景观设计时，要注重功能的实用效果，同时还要注意功能与形式的协调感。建筑景观的功能主要表现在物质功能和精神功能上，物质功能主要指能够为参与者或游览者提供休憩、观赏、娱乐、购物以及餐饮等功能，精神功能则指能给予参与者或游览者一种愉悦感和亲切感，所设计的建筑景观能为参与者或游览者创造一个轻松的环境，但必须注意的是，在满足功能的合理性的同时，建筑景观的形式或形象也需具备审美性（图3-18）。

图3-18 休憩、娱乐功能

2. 满足结构的合理性

结构的合理性主要指建筑结构的稳固性，要将建筑景观完整地展现在公众面前，必须依靠结构技术的保障，否则理想中的既实用又美观的建筑景观空间只能成为天马行空的想象。在进行建筑景观设计时要强调技术与艺术的结合，这里所说的技术主要包括建筑结构、建筑材料、施工设备以及施工技术等方面，艺术则指建筑的对称性、色彩协调性以及造型的美观性等（图3-19）。

图3-19 稳重的结构

补充要点

植被缓冲带的组成

植被缓冲带主要包括水土保持区、综合区以及草本过滤区，它能有效控制水土流失，同时形成一道自然的风景线，能够美化城市环境，改善公众生活的空间。

1. 水土保持区。水土保持区一般紧邻水边，是由本地成熟林带和灌木丛组成的相对长期而稳定的群落，该区宽度一般在10m以上。
2. 综合区。综合区的植被组成仍为本地水岸乔木和灌木丛，但宽度一般更宽，多在30～100m。此区可兼作娱乐休闲、散步道等用途。
3. 草本过滤区。草本过滤区多位于缓冲带最外侧，植被以草本地被植物为主，主要功能是降低地表径流携带的面源污染物等进入河流的可能性，同时也能够作为动植物栖息地。

五、要具备形式美

形式美法则是营造建筑景观空间美感的基本法则，它能使建筑景观具备不同的形式。

1. 多样与统一

多样与统一，是形式美法则的基础，即是指在变化中有统一，在统一中又有变化，这种既有区别又有内在联系的设计方式能够有效地将建筑与景观有机地组合成一个整体，能赋予建筑景观内部不同分区以多样性和变化性，也能很好地营造一种和谐感和秩序感。

多样与统一，本身就具备矛盾感。多样，要求建筑景观具备多种表现形式；统一，要求建筑景观在视觉范围内能够高度统一，如建筑规模要统一等。在设计建筑景观时必须要明确一点，过分变化会导致建筑景观显得杂乱无章，而过分注重统一又会导致建筑景观显得呆板，没有生气。

因此，在建筑景观的设计中，必须要掌握好整体的格调，并能巧妙地将这一格调贯穿于建筑景观的设计要素中，使其既具有共性，又能在统一协调的基础上，依据建筑景观表现的重点和主题，进一步发展设计，寻求变化，形成一定的序列感（图3-20、图3-21）。

图3-20　统一

图3-21　多样

2. 主从与重点

注重主从与重点能够更有效地凸显建筑景观的特色，利用主次的差异对比，能够形成一个更协调、统一的建筑景观空间。在建筑景观的设计过程中要处理好主从关系，可通过次要部分突出主体特色，这样也能增强建筑景观空间的整体感和统一性，能使其不至于太过单调。

（1）改变主景的位置。在建筑景观的设计过程中可以适当地将主景升高或降低，可通过对地形的高低处理来吸引公众的注意，这种方法也能有效突出建筑景观的设计特色（图3-22）。

图3-22　升高的主景

图3-23 对称的建筑景观

（2）轴线对称法。轴线对称法能有效突出建筑景观的中心和重点，同时还能增强视觉美感（图3-23）。

（3）动势向心法。动势向心法一般是通过将主景置于周围景观的动势集中中心来表现主次的不同特点。

（4）构图中心法。构图中心法一般是通过将主景置于景观空间的几何中心或相对中心部位，从而使全局规划比较稳定适中。

补充要点

生态建设

1. 根据不同功能和生态等级分区提出不同的生态建设要点。
2. 侧重于改造自然的滨水区域，以人工生态系统为主，自然生态系统为辅。
3. 侧重于保护自然的滨水区域，以自然生态系统为主，人工生态系统为辅。

3. 对比

对比能够彰显不同设计要素的特点，在进行建筑景观设计时，可通过色彩对比、材料对比以及形状对比等来突出建筑景观的特征，并以此吸引公众的注意。此外，在设计时还需注意不可采用过多的对比，在使用对比的同时也要具备一定的协调性，如此，才能创造出更丰富多彩、生动有魅力的建筑景观空间（图3-24）。

4. 韵律与节奏

韵律与节奏能够赋予建筑景观更强烈的设计美感，主要表现为重复韵律、交替韵律、渐变韵律、起伏韵律以及整体韵律，重复韵律能够增强建筑景观的秩序感和整体感，在设计时要注意强调交替感；交替韵律能够赋予建筑景观活泼感和热烈感，在设计时要注意多样性与整体性的协调统一；渐变韵律能够赋予建筑景观更细腻的感受，在设计时要

图3-24 色彩的对比

图3-25 重复韵律

图3-26 渐变韵律

图3-27 整体韵律

图3-28 对称均衡

图3-29 不对称均衡

控制好渐变的尺度；起伏韵律能够展示出建筑景观不同的形态，在设计时要控制好起伏尺度；整体韵律则能增强建筑景观的完整感，在设计时要采用合理的组成形式（图3-25～图3-27）。

5. 均衡与稳定

均衡与稳定是最基本的审美观念，只有稳定的形态才能赋予建筑景观更多的设计美感，也只有稳定的形态才能给予公众更强的安全感和舒适感。这种均衡与稳定并不是说要求建筑景观在设计时必须采用方方正正的形态，只要整体均衡、稳定，即使形态千奇百怪也没有关系。

均衡有静态均衡、动态均衡之分，静态均衡又有对称均衡和不对称均衡之分，在建筑景观的设计过程中要协调好静态与动态均衡之间的关系，要能在均衡与稳定中寻求变化，也要在变化中依旧保持整体建筑景观的均衡与稳定（图3-28、图3-29）。

第三节　巧妙应用设计方法

建筑景观设计的主要目的是改善公众的居住环境，增强公众与大自然之间的联系，下面将介绍建筑景观设计中会运用到的几种方法。

一、巧妙对景

对景是指位于建筑景观空间视线端点的景物，一般多用于建筑景观局部空间的焦点部位，多会在建筑景观的入口对面、广场焦点、甬道端头、道路转折点、湖池对面及草坪一隅等处设置景物，这样既可丰富建筑景观的空间感，也可吸引公众的注意。此外，对景在建筑景观设计中，还是平面构图和立体造型的视觉中心，能对整个建筑景观设计起到主导性作用（图3-30、图3-31）。

1. 直接对景

直接对景多置于视觉最易发觉的区域，如道路尽头的亭、台、花架以及廊等，这些景能让人眼前一亮，吸引人驻足。

2. 间接对景

间接对景具有隐藏性，多置于道路轴线旁侧，能给人一种若隐若现的朦胧感。

二、善用借景

借景主要是通过对建筑景观空间的不同组合来将远处的景纳入到建筑景观空间中，这种方式可以很好地丰富建筑景观的空间层次，也能很好地提高建筑景观的艺术效果。

1. 借景的类型

借景因观赏时间、观赏视角、观赏地点以及观赏距离的不同可分为直接借景和间接借景，其中，直接借景又可分为远借、近借、仰借、互借以及俯借等，具体细节介绍见表3-2。

图3-30　对景景墙

图3-31　对景

表3-2 直接借景的类型

类型	图示	特点
远借		远借即是将远处的景物纳入到该区域的建筑景观空间中，可选择山、水、树木或者建筑来作为借景物
近借		近借主要通过借助周边环境来达到借景的目的，如亭、台、山、庙、花、漏窗等都可作为借景物
仰借		仰借主要是通过仰视的角度来借取该区域建筑景观空间外部的景观，主要以借高景物为主，如古塔、大树、山峰以及蓝天、白云等
互借		互借主要是指两个建筑景观空间相互借景
俯借		俯借主要是通过俯视的角度来借取该区域建筑景观空间外部的景观

2. 借景的方法

（1）赏景透明化。使用借景手法时要将严重遮挡视线的树木或者枝叶清除掉，要能为观赏者创造一个更透明化的赏景路径。

（2）适当提高观景视线的高度。对于某些特殊的区域，如树木林立的建筑景观空间，为了获取更好的观景效果，建议使用借景手法时能够更多地选择俯借，并利用位于高地势处的亭台楼阁，来达到让观赏者总览全景的目的。

补充要点

建筑景观空间韵律感的形成

点、线、面是形成韵律感的基本因素，在进行建筑景观的设计时，应当合理利用点、线、面，使其同时具备科学性和艺术性，并能通过不同的构图形式来展现出建筑景观的各项特征，包括建筑造型、铺装形式以及色彩比例等。点、线、面的综合利用能够帮助形成具有节奏感和韵律感的建筑景观空间，如何控制点、线、面在建筑景观设计中所占的比例，这将成为设计师们必须考虑的问题。

第四节 案例分析：金地长青湾（扫码下载案例）

案例二维码

本节将以位于沈阳的金地长青湾为例，具体讲解建筑景观设计。

本章小结

建筑景观的设计要遵从一定的法则，设计方法的确定也要结合当地的地形条件和历史文化环境，同时在设计之初就需考虑到资源的再利用，在设计过程中要尽可能地利用可再生资源，对于太阳能、风能以及水能等的利用也应纳入到建筑景观的设计当中。

课后练习

1. 简述建筑景观的类型及其特点。
2. 列表说明入口型建筑景观的入口形式和大门样式有哪些。
3. 简要阐明入口型建筑景观的设计要点。
4. 分点阐述服务型建筑景观包含的建筑及其设计要点。
5. 建筑景观设计要遵守哪些设计法则?
6. 形式美主要包括哪几点?
7. 借景的类型有哪些? 举例说明。
8. 建筑景观设计如何借景?

第四章

建筑景观设计内容

高清彩图
（扫码下载）

PPT 课件
（扫码下载）

» 学习难度：★★★★☆

» 重点概念：铺装、绿化、雕塑

» 章节导读：建筑景观设计的内容主要包括铺装、绿化、雕塑、室外停车场、水电设计以及其他与建筑景观相关联的结构设计等，设计这些内容时应当遵循一定的法则和设计规范，同时在设计时还要有所创新，要敢于打破传统，创造出更具特色和意义的建筑景观空间，本章将主要讲解铺装、绿化及雕塑的相关内容。

第一节 建筑景观铺装

建筑景观铺装无处不在，它具备可视性和可触性，是形成建筑景观空间必不可少的一部分。

一、铺装的概念与分类

1. 概念

建筑景观铺装依据所选用的材料和组合方式的不同分为硬质铺装与软质铺装。硬质铺装主要由混凝土、砖、石板、鹅卵石以及碎石等铺装而成；软质铺装则主要指铺装中的绿化配置与组合（图4-1、图4-2）。在建筑景观环境中，建筑景观铺装是为满足交通、运动及休闲等活动功能而进行的人工地面铺装，设计要在满足实用功能的前提下提高建筑景观铺装的文化内涵，并最终创造出以人为本、人地和谐的建筑景观（图4-3）。

建筑景观铺装需要具备良好的功能性、导向性、装饰性、防滑性、耐损性、防尘性、排水性以及易管理性，这些功能在未来必将服务于整个建筑景观环境。此外，随着生活水平的提高，建筑景观铺装不仅要满足功能上的实用性，更要注重视觉审美的要求，以便能更好地满足人们的精神需求。

2. 分类

铺装景观是公众日常生活环境的重要组成部分，可根据分类标准的不同分为多种不同类型（表4-1）。

图4-1 硬质铺装

图4-2 软硬铺装结合

图4-3 建筑景观铺装

表4-1 景观地面铺装标准与类型

序号	分类	内容
1	选用材料	花岗岩、大理石、人工砖、鹅卵石、青石、沥青、混凝土等
2	材质质地	硬质、软质、软硬结合
3	设计目标	使用功能、装饰效果
4	使用场所	广场、园林景观、住宅区、商业区、人行道、车行道、停车场等

二、铺装的发展历程

了解建筑景观铺装的历史必定需要对比国内外建筑景观铺装的发展历程，这是对前人设计思想的借鉴与反思，同时也是对现有设计思想的再创新。

1. 国内建筑景观铺装发展历程

传统铺装的发展主要为三个阶段：第一阶段，夯土地面，即自然的泥土地，进行夯实或铺一些细沙、坑灰等；第二阶段，砖铺地面，春秋时期开始出现了铺地的地砖，还有模印铺地的花砖，用地砖铺地能使地面平整稳固，防止泥泞，便于清洁；第三阶段，石铺地面，元代开始出现了建筑内部采用大理石铺地，可见用石材铺地的历史悠久。

在战国时期，还有“吴王梓铺地，西子行则有声”的说法，意思是吴王夫差为西施在馆娃宫中，以梓板铺地，西施着屧行于上，步步皆音；在明代计成所著《园冶》一书中，对古代铺装也进行了系统的介绍，其中铺地开篇第一句“大凡铺地砌筑，小异花园住宅”，这句开篇语强调了铺地应与整体布局相结合，并在书中提出了诸如叠胜、回文、蜀锦、冰裂纹及莲纹等铺装形式。

在选材方面，多选用石板、条石、碎石片、瓦片及缸片等作为铺装材料，这些材料往往就近取材，简单加工，这种形式不仅降低了成本，更重要的是，通过材料的自然纹理、粗糙表面和不规则形状等特点，可以充分发挥自然石材的天然美，同时也能与古典建筑景观的整体布局相协调，配合周边各种环境艺术手段，创造出了至今仍令人惊叹不已的铺装杰作（图4-4～图4-6）。

图4-4　太和殿前铺装

图4-5　天坛圜丘周边青砖铺地

图4-6　丽江古城街道铺装

2. 国外建筑景观铺装发展历程

国外的景观铺装史同样可分为三个阶段：第一阶段为发展初期，为了防止雨季道路泥泞，保证车辆正常行驶，需要提供具有足够强度、平整度好的晴雨通车路面，当时的技术需求主要表现在尽快提高道路铺装技术水平方面；第二阶段的特点是随着汽车交通的飞速增长，道路拥挤，事故增加，为了解决这一难题，各国在道路网规划设计，线形的平、纵、横几何设计以及提高道路通行能力等方面进行了不懈的努力，并较好地解决了这一难题；第三阶段则是由于在被称为第二次交通大战的今天，机动车辆的超饱和给社会、环境带来了灾难性的影响，提高道路在城市景观中的美学功能，保护环境成为这一时期的主要特点。

图4-7 圣马可广场铺装

图4-8 圣彼得广场铺装

图4-9 罗马威尼斯广场铺装

欧洲的铺装历史源远流长，所用的材料都是容易获得的自然物，其中尤以石材最好。最早的石材铺装可以追溯到公元前5世纪罗马时代以前，在长达数千年的时间，石材一直是欧洲城市中主要的铺装材料，也一直被欧洲城市居民所喜爱（图4-7～图4-9）。

补充要点

铺装的作用

1. 良好的铺装让空间层次丰富而又井井有条，能够创造出更加优美的景观环境，给身处其中的人们带来美的享受。
2. 景观铺装与环境相协调，美化了城市空间的底界面，使得景观环境更加完整、和谐。
3. 结合地方特色的铺装能够唤起城市居民高度的认同感与归属感，继承和发扬城市生活的优良传统。
4. 生态化的铺装适应当今世界的发展潮流，既美化了环境，又保持了生态的可持续发展，有利于公众的身心健康。

三、铺装的功能

建筑景观铺装是现代人类生存环境的重要组成部分，它具有许多不可忽视的功能，主要体现在空间功能和艺术功能两个方面。

1. 空间功能

空间功能又被称为物质功能，它能满足公众在生活中的具体使用要求，如散步和交通的要求、方向性和尺度感的要求、功能分区的要求及休闲和交往的要求等，这是铺装的基本功能。建筑景观铺装的空间功能主要体现在以下几点：

（1）划定景观边界。景观铺装可用来划分环境中不同功能区域的边界，使其更加明确，易于识别。通过不同铺装材料的运用，可以划分功能区域，使行人辨别和区别出运动、休息、入座、聚集等标志。在同一种功能中可采用相同的铺装形式，当铺装发生了变化时也就暗示着功能与作用发生了变化（图4-10、图4-11）。

图4-10 围栏划分人、车道路

图4-11 采用绿植划分人、车道路

图4-12 铺装引导人流

（2）组织空间。建筑景观环境由于其功能的复杂性，通常由多个小的空间组成，利用景观铺装加以区分，可以将它们依据需要组织成一个连贯的空间序列，从而将整个景观环境联结成一个有机的整体，这样也利于公众感受空间的有序性与整体性。

（3）引导人流。在区域功能比较复杂的空间中，有时需要借助一定的指示、引导性措施来组织人流。一般铺装的变化不宜过多，过于凌乱的变化会破坏空间内安宁的氛围，但铺装的适当变化却可以对行为进行良好的引导，铺砖图案的导向性也可微妙引导人流运动的方向，有时还可影响公众行走的节奏和速度（图4-12）。

采用地面的铺装来划分空间，形成多样化的空间，对空间进行分隔，也可使两部分空间产生共性联系，铺装图案的导向型有时还可产生不同的空间气氛。架空底层的铺装与外部空间的铺装之间如果有界线，最好采用柔和平缓的线条，也可采用一层层过渡，逐步过渡过去。架空空间和外部空间铺地相连时，外部空间道路延伸到里面去，旁侧配以不同铺地装饰，形成宽窄变化、曲线流畅的小路。

使用围栏划定人行道与车行道时，可使行人、车辆在各自被允许的范围内活动，不但保证了交通的流畅，也可以确保行车安全。

用景观铺装来划分边界，可以相对地减弱栅栏等强制性设施给人造成的心理压力，公众也能更容易遵循它所划定的范围内行动。

舒适美观的路面鼓励人行走，粗糙给人不适感的路面则可以传达拒绝公众穿越的空间语言，即不同铺地材质的变换可以表达功能的变化，起到引导公众行为的作用。

2. 艺术功能

艺术功能又称精神功能，它能满足公众在城市公共空间使用中的美学、心理学要求，进而满足公众对城市的归属感、认同感等深层的文化和社会方面的要求，这也是景观铺装所刻意追求的功能。

（1）满足公众的心理需求。科学合理的铺装能够充分体现人性化的设计原则，任何来自外部环境的信息刺激都会在人的心理上有所反映，地面作为距离公众身体最近的空间要素，其质量的好坏，必然会引发公众对周围环境或喜爱或厌恶的情感。

在建筑景观环境中，游览者不同的习性，不同的年龄段会导致所需求的地面铺装形式也有所差异（图4-13～图4-15）。铺装景观的艺术功能能够充分满足公众不同的需求，且能通过铺装色彩、材质、构形及尺度的变化，运用不同形式的标高、边界处理手法，为公众创造优雅舒适的景观环境，营造功能性质和特色不同的、温馨适宜的交往空间。

儿童的玩耍性需求不仅体现在游戏设施的选择与更新上，还应延伸到地面铺装质感与色彩的运用，在儿童游戏区域整体地面铺装中，应多采用硬度小且弹性和抗滑性好的材料，符号的运用和色彩的体现也应活泼和鲜明。

在娱乐休闲为主的区域，地面铺装应通过地面高低变化、边界、铺装色彩及材质的变化来营造一个温馨的、可供休憩及游玩的小空间，在铺装色彩上应丰富多彩且富于变化，材料质感应粗糙，使人

图4-13　儿童游戏区域铺装

图4-14　娱乐、休闲区域铺装

图4-15　鹅卵石步道

感到朴实亲切、自然随意。

随着老龄化的加剧，公众对于康体性的需求也越发重视，鹅卵石步道已成了健身休闲的主要铺装形式。其次，对于一些人车混行的道路，适当增加铺装的机理或采用块料铺装的形式也能很好地降低行车速度，提高散步或运动者的安全性。

（2）满足公众的审美需求。不同的区域需要设计不同的地面铺装，铺装所选择的色彩和样式要能满足公众的审美需求，除具备基本的行走功能外，还能给公众带来不同的体验。

（3）连接建筑物与周边景观环境。一个良性发展的城市还需要有健康的景观环境设施及多样的艺术表现形式，地面铺装可以很好地将建筑物与周边景观环境连接和结合起来。

补充要点

城市热岛效应

热岛是由于公众改变城市地表而引起小气候变化的综合现象，是城市气候最明显的特征之一。由于城市化的速度加快，城市建筑群密集、柏油路和水泥路面比郊区的土壤、植被吸热快而热容量小，使得同一时间城区气温普遍高于周围的郊区气温，高温的城区处于低温的郊区包围之中，如同汪洋大海中的岛屿，公众将这种现象称为城市热岛效应。

四、铺装设计要点

建筑景观铺装设计的目的在于为公众创造出一个既合乎自然发展规律，又合乎人文历史发展规律并具有较高品质的生存空间。

1. 设计特性

从理论上讲，铺装景观有以下几种特性：

（1）成图性。成图性是指地面铺装的图案特性，它们是创造良好建筑景观的基础，也是潜在的艺术形象（图4-16）。

（2）时空性。时空性能为公众提供良好的视觉转换、视觉引导和视觉聚焦等，能使建筑景观空间形成连续不断的序列画面（图4-17）。

（3）趣味性。铺装景观能为公众的活动提供运动的轨迹和停留的焦点，并通过点、线、面的有机组合形成多姿多彩的变化，还可赋予空间以某种寓意和神奇色彩，使空间饶有兴趣、耐人寻味（图4-18）。

2. 设计原则

在景观铺装的设计和建设中，必须对公众予以人文的、理性的关注，同时还要重视自然环境和人文环境的发展规律，有意识地增进人与环境互动关

图4-16 铺装的成图性

图4-17 铺装的时空性

图4-18 铺装的趣味性

图4-19 步行道

图4-20 跑道

图4-21 花路

系的良性循环，创造共生的建筑景观环境。

（1）功能性原则。功能性原则是所有实用性设计所遵循的一条基本原则，有时功能性甚至会超出其他任何要求，设计必须明确景观铺装是为广大的普通大众所使用的，实用性是它存在的前提。这种实用性不仅要求景观铺装的技术与工艺性能良好，而且还要体现出能与使用者生理及心理特征相适应的程度（图4-19、图4-20）。

此外，由于人的物质和精神需求是多方面的，不同的人、不同的行为需要不同的场所和氛围，即便是同样的功能要求也会因地域、文化、气候等的不同而产生差异。所有这些会对行为发生的空间有不同的要求，铺装设计应依据具体的功能需要为其提供相对应的形式，并与其他要素共同塑造出理想的场所，从而保证景观铺装的合理性，确保行为的顺利发生，以满足特定的需求。

（2）以人为本的原则。铺装景观设计要充分为人着想，满足使用者需求，尤其是在建筑规模和尺度日趋庞大的情况下，建筑景观空间应当变化得更加亲切，以满足人的要求。此外，在设计时必须明确将自身和周围环境相联系是人类的本能，这种场所感不能忽视，它是铺装设计中必须考虑的一个原则。铺装景观应充分利用地形，结合绿化、水体、各类小品等，结合周围环境，以便能创造出自然环境美，给人以亲切自然的建筑景观，这样才能真正做到以人为本（图4-21）。

（3）尊重、保护、延续历史的原则。在铺装景观设计中，即使已经开发研制了大量的铺装景观材料，但在新建的步行街和广场中还是多采用传统的石质铺装，目的是与两旁或周围的建筑在环境气氛上能显得协调一致（图4-22）。

（4）可持续发展原则。在铺装景观设计中要考虑各类人群的不同需要，营造优雅宜人的建筑景观空间，铺装设计应与绿化、水景、小品结合，努力恢复和创造城市中的生态环境，崇尚自然、追求自然，力求人与自然高度融合，以不损害、不掠夺后代的发展为前提，合理利用资源，研制开发耐久性好、装饰性能强且施工方便的新型材料，创造出经久耐用、赏心悦目的铺装景观（图4-23）。

（5）协调性原则。界面的肌理、色彩与基调是景观环境中的众多景观构筑物与景观元素的协调者，是彼此沟通的媒介。铺装景观的设计是一个在立体的城市环境中研究平面构成的问题，因此，在设计中必须考虑到铺装景观与周围环境的协调性。

（6）满足视觉特性的原则。景观铺装需要对公众的视觉特性从运动角度加以分析和研究，这样在进行铺装景观设计时可以充分考虑到视觉特性所带来的影响，也能更好地满足公众的不同要求。

（7）个性原则。独具个性的景观铺装是用来表达建筑景观个性的非常好的方法。设计通过对铺装材料色彩与质感的不同表达，同时结合设计师的精彩创意，利用新技术、新工艺以及新的艺术手法，可以营造出极富个性魅力的特色空间，这种手法能更好地反映出建筑景观特有的历史文化传统和风采神态，也能表现出建筑景观的气质和性格，体现出公众文明、礼貌和昂扬的进取精神（图4-24）。

3. 设计要素

（1）色彩。在建筑景观设计中，色彩是最易创造气氛和情感的活跃因素，良好的色彩处理能给公众带来身心上的愉悦。在铺装景观设计中，合理利用色彩对人的心理效应，如色彩的感觉、色彩的表情、色彩的联想与象征等，可以设计出别具一格的景观铺装，改变长期以灰色示人的地面，让它充满生机和情趣，与周围的环境和建筑共同营造优美的城市空间（图4-25）。

图4-22 石质铺装

图4-23 绿色铺装

图4-24 有个性的铺装

（a）

（b）

（c）

图4-25 铺装色彩

不同的色彩会对人产生不同的心理作用，在铺装景观的色彩设计中，兴奋色铺装能够营造喧闹、热烈的气氛；沉静色铺装给人优雅、娴静之感；浅色调铺装显得轻松活泼；深色调铺装显得庄严肃穆；寒冷地区铺装可多用红色系，以给人温暖感；炎热地区铺装多用蓝色系，以给人清爽感；运动场地的铺装则要选用纯度低的色彩，以给人柔软、舒适、安全的感觉等。

（2）质感。质感是由于感触到素材的结构而有的材质感，铺装的美，关键是要依靠材料质感的美。质感通过材料的表面特征给人以视觉感受，达到心理的联想和象征意义。质地细密光滑的材料能给人以优美华贵之感，但同时也常有冷漠傲然的感觉；质感粗糙无光泽的材料能给人以粗犷朴实之感，但同时也常有草率野蛮的感觉（图4-26）。

选用质感对比的方法进行铺装设计，是提高质感美的有效方法，在铺装时，应强调同质性和补救单调性，小面积的铺装，必须在同质性上统一，必须注意的是在两种或两种以上的材料交接、过渡处，材料的组合十分重要，否则变化生硬，会割裂空间的整体感和融合感，质感的过渡需要和缓而自然。

（3）构形。构形的基本要素是点、线、面，点是相对较小的元素，它与面的概念是相互比较而形成的，同样是一个圆，如果布满整个空间，它就是面了，如果在一幅构成中可以多处出现，就可以理解为点。线是具有位置、方向和长度的一种几何体，可以将它理解为点运动后形成的，与点强调位置与聚集不同，线更强调方向与外形。面在几何学中的定义是线的移动轨迹或点密集所形成的，多强调形状和面积（图4-27～图4-29）。此外，在进行铺装设计时，还可以运用重复形、渐变形、发射形以及整体形等形式来对景观铺装重新构形，注意在构形时一定要注意处理好轴、重心以及个性化之间的关系。

在人行道的铺装构形中，常采用序列的点给人以方向感，在建筑景观空间道路的铺装处理中，点的排列打破了路面的单调感，充满动感与情趣。

线的方向不同，感情性格也不同，例如水平线能显示出永久、和平、安全、静止之感，垂直线具有庄严、崇敬、庄重、高尚、权威等感情心理特点，斜线有一种不安全，缺乏重心平衡之感，但同时它又有飞跃、向上冲刺或前进的感觉，曲线则会产生丰满、

（a）

（b）

（c）

图4-26 铺装质感

图4-27 点的运用

图4-28　线的运用

图4-29　面的运用

图4-30　纹样的运用

图4-31　尺度的运用

图4-32　高差的运用

图4-33　边界的运用

优雅、柔软、欢快、律动及和谐等审美上的特点。

不同曲线形的面组合形成的铺装将极具现代感，使人感到空间的流动与跳跃，同时采用特殊技法所产生的面，也会更自然、更生动和富有人情味。

（4）纹样。在景观铺装设计中，纹样的使用由来已久，纹样起着装饰路面的作用，而铺装的纹样因场所的不同又各有变化。纹样有自然形和几何形两种，自然形包括动物、植物、人物、自然景物等；几何形则多以几何形体如方形、圆形、三角形、菱形、多边形等为基本内容（图4-30）。

（5）尺度。铺装的尺度包括铺装图案尺寸和铺装材料尺寸两方面，二者都能对外部空间产生一定的影响，产生不同的尺度感，图案尺寸是通过材料尺寸反映的，铺装材料尺寸是重点（图4-31）。

（6）高差。在景观铺装中，要注意对高差的处理，增加景观的层次性，可以利用高差的变化对环境空间进行分割，避免各个区域之间的干扰。用铺装来处理高差的变化，可方便行人行走，保证步行交通的安全，也可以限定空间，使人产生不同的环境感受（图4-32）。

（7）边界。边界是指一个空间得以界定，区别于另一空间的视觉形态要素，主要可分为确定性边界和模糊性边界。确定性边界是领域划分的有效手段，常利用缘石、隔离桩以及构形、色彩、质感的变化对人进行心理暗示，强化边界效果，模糊性边界可以实现一个环境空间到另一环境空间的自然过渡，空间转换温和顺畅。构思巧妙的边界形式可为整个铺装增添情趣与魅力特色（图4-33）。

图4-34 “萨其马”式的空隙结构

图4-35 满足审美要求的铺装

不同纹样有不同的代表意义，例如，一些用砖铺成直线或平行线的路面，可达到增强地面设计的效果，但必须注意有些直线可以增强空间的方向感，而有些直线则会增强空间的开阔感。

不同的材料有不同的尺度效果，例如混凝土、石材等大空间的材料易于创造宽广、壮观的景象，而鹅卵石、青砖等小空间的材料则易形成肌理效果或拼缝图案的形式趣味等。

高差不同，所能赋予公众的感觉也不同，例如在高出地坪的地方会有兴奋、高大、超然、开阔、眩晕的感觉，在较低的地方则有围合、隐蔽、安全、私密、温暖的感觉等。

在铺装景观中，灵活地进行边界处理是非常必要的，它能为整个铺装带来意想不到的效果，例如当铺装与绿化结合时，采用模糊性边界可有效弱化人工环境与自然环境之间的冲突。

五、材料与技艺

1. 基本技术要求

首先要了解选择适宜的铺装景观材料的重要性，其次考虑铺装景观材料既要满足车辆通行和行人步行功能要求，又要满足色彩、图案、表面质感等装饰特性的要求，同时还必须考虑造价及施工与维护的难易程度等。

景观铺装的设计主要涉及两个方面的问题：一是要满足人体工学的要求，包括防滑、透水性、透气性、行走的舒适性、触觉质感、弹性等；二是满足审美方面的要求，包括铺装的色彩，质感的选择，图案的设计，尺度、高差、边界问题的处理等（图4-34、图4-35）。

2. 景观铺装地面类型

地面铺装依照强度可分为高级铺装、简易铺装和轻型铺装三种。高级铺装适用于交通量大且多重型车辆通行的地面；简易铺装适用于交通量小，几乎无大型车辆通过的道路；轻型铺装用于机动车交通量小的园路、人行道、广场等的地面。

依照地面材料可将景观铺装地面分为沥青地面、混凝土地面、卵石地面、预制砌块地面、花砖地面、料石地面、塑料地面、砂土地面、透水草皮地面及木板地面等（表4-2）。

表4-2 景观铺装地面类型

类型	图示	特点
沥青地面		优点：沥青路面可分为透水性沥青地面和彩色沥青地面，它能使路面平整少尘、不透水、经久耐用；沥青地面成本低，施工简单，平整度高，常用于步行道、停车位的地面铺装
		缺点：沥青路面边缘如无支撑将易磨损，天热会软化，汽油、煤油和其他石油溶剂可将其溶解，如果水渗透到底层易受冻涨损害

续表

类型	图示	特点
混凝土地面		优点：混凝土地面因造价低、施工性好，常用于铺装园路、自行车或私家车的停放场地；将混凝土地面用于庭院道路等，较为常见的设计手法是不设路缘，但这种地面缺乏质感，易显单调，因此应设置变形缝来增添地面变化 缺点：混凝土地面需要有接缝，有的表面并不美观，铺筑不当会分解，难以使颜色一致及持久，弹性低，张力强度相对较低而易碎
卵石地面		优点：卵石地面是采用水洗小砾石或卵石嵌砌的地面，施工成本低，防滑耐磨性比较好 缺点：卵石地面表面比较光滑，铺装复杂，铺装后容易脱落
预制砌块地面		优点：预制砌块地面的色彩、样式都比较丰富，且可以拼接成砖式地面、六角形地面、八角形地面等，同时它还具有防滑、步行舒适、施工简单、修整容易、价格低廉等优点，常被用作人行道、广场、停车位等多种场所的地面 缺点：预制砌块地面易于受人为破坏，比沥青或混凝土铺筑成本高
花砖地面		优点：花砖地面的色彩丰富、式样与造型的自由度大，易营造出欢快、华丽的气氛，常用于住宅阳台、露台、户外庭院、人行道、大型购物中心等场所的地面铺装，但在设计时应注意选择有伸缩缝的花砖式样 缺点：花砖地面铺筑成本高，清洁困难，冰冻天气会发生碎裂，易受不均衡沉降影响，会风化
料石地面		优点：料石地面是利用天然石材的不同品质、颜色、石料饰面及铺砌方法组合出多种形式，它能够营造一种有质感、沉稳的氛围，常用于大面积庭院地面铺装 缺点：料石地面坚硬致密，难于切割，有些类型易受化学腐蚀，相对较贵
塑料地面		优点：塑料地面是用塑料材料铺设的地板，样式比较时尚，主要可分为现浇无缝环氧沥青塑料地面和弹性橡胶地面两种 缺点：塑料地面只适于轻载，不耐磨，容易褪色，制作成本高
砂土地面		优点：砂土地面是用砂和小碎石铺成的地面，可分为石灰岩土地面、砂土地面和黏土地面，装饰效果比较独特 缺点：砂土地面依据使用情况每隔几年要进行补充，可能会有杂草生长，需要加边条
透水草皮地面		优点：透水草皮地面可分为使用草皮保护垫的地面和使用草皮砌块的地面，它能与其他硬质铺装材料形成鲜明的对比，具有柔化环境的作用 缺点：透水草皮地面容易造成运动者受伤，比天然草地铺筑成本高
木板地面		优点：木板地面是指用木材制成的地板，它在景观铺装中能以朴实的质地和温馨的触感满足公众对自然回归的迫切渴望 缺点：木板地面造价高，难保养

补充要点

景观铺装设计趋向

1. 优化设计。优化设计作为降低施工项目成本的重要方法之一，已经得到设计行业的普遍认同，面对施工时采用的材料与施工的不同，选择优化设计的方向也不同，进行优化设计产生的优化效果也会有所不同。
2. 生态化设计。铺装的生态化设计主要体现在两个方面：一是铺装材料的生产和使用是否会对环境造成负面影响，废弃后是否可以回收利用；二是铺装的形式和施工是否有利于生态的发展。
3. 人性化设计。人性化设计是指在设计过程中，依据人的行为习惯、生理结构、心理情况及思维方式等，在原有设计基本功能和性能的基础上，对人的心理、生理需求和精神追求的尊重和满足，是设计中的人文关怀，是对人性的尊重，在景观铺装中特别需要注意的是无障碍设计。
4. 整体设计。整体是指一个由有内在关系的部分所组成的体系对象，各个组成部分一定有某种内在关系，或功能互补，或利益共同，或协调行动等，景观铺装强调的是整体的概念和各部分之间的有机联系。

第二节　建筑景观绿化

自然环境是人类赖以生存、繁衍的物质基础，保护和改善自然环境是人类维护自身生存和发展的前提条件，建筑景观绿化设计给人类提供了一个多层次，多方位的生存空间。

一、常见绿化植物

绿化植物分类的标准有很多，例如，可以依据视线被阻挡的程度，将植物分为贴于地表的地被，围合或限制空间的绿篱以及覆盖遮阴的高大乔木等；依据植物品种可分为草坪、盆花、灌木、乔木、水生及观花植物等；依据植物的季候可分为常绿和落叶等。了解植物的相关知识将有助于与自然之间建立对话，营造出与自然共生的和谐环境（表4-3）。

表4-3　常见的绿化植物

类别		图示	特点
一、乔木 乔木是指树身高大的树木，由根部发生独立的主干，树干和树冠有明显区分，一般有一个直立主干，且通常高达 6 ~ 10m 的木本植物称为乔木，乔木可依据高度而分为伟乔、大乔、中乔及小乔等四级，乔木分布广泛，已知的地方基本都有乔木生长，包括戈壁滩、沙漠等环境恶劣的地方，分布最多的还是环境温暖湿润的大陆			
常绿乔木	广玉兰		广玉兰生长喜光，而幼时稍耐阴，喜温湿气候，有一定的抗寒能力，且对烟尘及二氧化硫气体有较强抗性，可做道路绿化，可用于净化空气，保护环境

续表

类别		图示	特点
常绿乔木	云杉		云杉高达 45m，胸径达 1m，树皮呈淡灰褐色或淡褐色，裂成不规则鳞片或稍厚的块片脱落，耐阴、耐寒，喜欢凉爽湿润的气候和肥沃深厚、排水良好的微酸性沙质土壤，生长缓慢
	雪松		雪松树冠尖塔形、大枝平展、小枝略下垂，树体高大，树形优美，最适宜孤植于草坪中央、建筑前庭之中心、广场中心或主要建筑物的两旁及园门的入口等处
	大叶女贞		大叶女贞枝叶清秀、适应性强、喜光、稍耐阴，喜温暖湿润气候、稍耐寒，是一种很有观赏价值的园林树种，可孤植，丛植于庭院，草地观赏，亦适宜作为高篱，并可修剪成绿墙
	棕榈树		棕榈树属于常绿小乔木，喜温暖湿润气候，喜光，耐寒性极强，稍耐阴，抗大气污染能力强；常栽于庭院、路边及花坛中
	酸角树		酸角树树体强壮，枝条柔软，并以其树姿、叶茂、花色等巧妙的组合及独特的观赏效果，在建筑景观绿化中具有重要的地位，还可作草坪孤立风景树，具有极好的观赏价值
	冬青		冬青叶薄革质，狭长椭圆形或披针形，顶端渐尖，适宜在草坪上孤植，门庭、墙际、园道两侧列植，或散植于叠石、小丘之上
	香樟树		香樟树树形巨大如伞，能遮阴避凉，有很强的吸烟滞尘、涵养水源、固土防沙和美化环境的能力，广泛作为庭荫树、行道树、防护林及风景林常用于园林观赏、小区、学校、事业单位、工厂、山坡、庭院、路边及建筑物前
	红皮云杉		红皮云杉树冠尖塔形，大枝斜伸或平展，小枝上有明显的木针状叶枕，较耐阴、耐寒，也耐干旱，生长比较快，可作东北地区的造林及庭园树种

续表

类别		图示	特点
常绿乔木	侧柏		侧柏性喜光，幼时稍耐阴，适应性强，对土壤要求不严，耐旱，常为阳坡造林树种，也是常见的庭园绿化树种
	石楠		石楠喜光稍耐阴，深根性，对土壤要求不严，但以肥沃、湿润、土层深厚、排水良好、微酸性的砂质土壤最为适宜，是一个观赏价值极高的常绿阔叶乔木，作为庭荫树或进行绿篱栽植效果更佳
落叶乔木	银杏树		银杏树是喜光树种，深根性，对气候、土壤的适应性较宽松，能在高温多雨及雨量稀少、冬季寒冷的地区生长，但生长缓慢或不良，观赏价值较高
	梧桐树		梧桐树是喜光植物，生长尚快，寿命较长，能活百年以上，且耐修剪，因而广泛栽植作行道绿化树种，常用于园林观赏、小区、园林、学校、事业单位、工厂、山坡、庭院、路边、建筑物前
	白杨树		白杨树性喜光，不耐阴，耐严寒，耐干旱气候，但不耐湿热，且主干弯曲常呈灌木状；树形高大，银白色的叶片有特殊的闪烁效果，可作庭荫树、行道树，丛植于草坪，还可作固沙、保土、护岩固堤及荒沙造林树种
	国槐		国槐是庭院常用的特色树种，其枝叶茂密，绿荫如盖，适作庭荫树，在中国北方多用作行道树，配植于公园、建筑四周、街坊住宅区及草坪上，也极相宜
	青檀树		青檀树阳性树种，常生于山麓、林缘、沟谷、河滩、溪旁及峭壁石隙等处，成小片纯林或与其他树种混生，可孤植、片植于庭院、山岭、溪边，也可作为行道树成行栽植，是不可多得的园林景观树种
	合欢树		合欢树树冠开展，小枝有棱角，喜温暖湿润和阳光充足的环境，宜在排水良好、肥沃土壤生长，耐瘠薄土壤和干旱气候，但不耐水涝，可用作园景树、行道树、风景区造景树、滨水绿化树、工厂绿化树和生态保护树等

续表

<table>
<tr><th colspan="2">类别</th><th>图示</th><th>特点</th></tr>
<tr><td rowspan="2">落叶乔木</td><td>白桦</td><td></td><td>白桦喜阳光，树皮呈灰白色，成层剥裂，枝条暗灰色或暗褐色，无毛，常孤植、丛植于庭园、公园之草坪、池畔、湖滨或列植于道旁，均颇美观</td></tr>
<tr><td>楝树</td><td></td><td>楝树性喜温暖、生于湿润气候地带，喜光、不耐庇荫，耐干旱、瘠薄，也能生长于水边，适宜作庭荫树和行道树，也可在草坪中孤植、丛植或配置于建筑物旁，还可种植于水边、山坡、墙角等处</td></tr>
<tr><td colspan="4">二、灌木
灌木指那些没有明显的主干、呈丛生状态比较矮小的树木，一般可分为观花、观果、观枝干等几类，矮小而丛生的木本植物，灌木的高度在 3 ~ 6m，枝干系统不具明显治理的主干，并在出土后即行分枝，或丛生地上</td></tr>
<tr><td rowspan="5">常绿灌木</td><td>栀子花</td><td></td><td>栀子花喜光照充足且通风良好的环境，但忌强光暴晒，宜用疏松肥沃、排水良好的酸性土壤种植，适用于阶前、池畔和路旁配置，也可作篱和盆栽观赏，花还可做插花和佩戴装饰</td></tr>
<tr><td>红花檵木</td><td></td><td>红花檵木性喜光、稍耐阴，阴时叶色容易变绿，喜温暖，耐寒冷，耐修剪，耐瘠薄，但适宜在肥沃、湿润的微酸性土壤中生长，应用于建筑景观设计中时需考虑叶色及叶的大小两方面因素带来的不同效果</td></tr>
<tr><td>金边黄杨</td><td></td><td>金边黄杨喜欢温暖湿润的环境，对土壤的要求不严，能耐干旱、耐寒性强、栽培简单，为庭院中常见的绿篱树种，可经整形环植门道边或作花坛中心栽植</td></tr>
<tr><td>南天竹</td><td></td><td>南天竹别名南天竺、红枸子，光滑无毛，性喜温暖及湿润的环境，比较耐阴，也耐寒，栽培土要求肥沃、排水良好的沙质壤土，观赏效果较好</td></tr>
<tr><td>金叶女贞</td><td></td><td>金叶女贞性喜光，稍耐阴，耐寒能力较强，不耐高温高湿，以疏松肥沃、通透性良好的沙壤土为最好，可用于绿地广场的组字或图案，还可以用于小庭院装饰，观赏效果很好</td></tr>
</table>

续表

类别		图示	特点
常绿灌木	八角金盘		八角金盘喜温暖湿润的气候，耐阴，不耐干旱，有一定的耐寒力，宜种植在排水良好和湿润的砂质壤土中，适宜配植于庭院、门旁、窗边、墙隅及建筑物背阴处，也可点缀在溪流滴水之旁，还可成片群植于草坪边缘及林地
	金丝桃		金丝桃花叶秀丽，是南方庭院的常用观赏花木，可植于林荫树下，或者庭院角隅等
	龟甲冬青		龟甲冬青喜温暖气候，适应性强，但以湿润、肥沃的微酸性黄土最为适宜，中性土壤也能正常生长，在建筑景观设计中多以成片栽植作为地被树，也常用于彩块及彩条作为基础种植，也可植于花坛、树坛及园路交叉口，观赏效果均佳
	黄杨		黄杨喜肥饶松散的壤土，微酸性土或微碱性土均能适应，在石灰质泥土中也能生长，在户外景观中常作绿篱、大型花坛镶边，也可修剪成球形或其他整形栽培，点缀山石或制作盆景
落叶灌木	牡丹		牡丹喜阳光，也耐半阴，耐寒，耐干旱，耐弱碱，适宜在疏松、深厚、肥沃、地势高燥、排水良好的中性沙壤土中生长，在建筑景观中一般以规则式、自然式及花台式等形式布置
	月季		月季适应性强，耐寒，不论地栽、盆栽均可，花成大型，由内向外，呈发散型，有浓郁香气，适用于美化庭院、装点园林、布置花坛、配植花篱和花架等
	紫荆		紫荆性喜光照，有一定的耐寒性，喜肥沃、排水良好的土壤，不耐淹，宜栽庭院、草坪、岩石及建筑物前，可用于小区的园林绿化，具有较好的观赏效果
	紫玉兰		紫玉兰喜温暖湿润和阳光充足的环境，较耐寒，但不耐旱和盐碱，怕水淹，要求肥沃、排水好的沙壤土，适用于古典园林中厅前院配植，也可孤植或散植于小庭院内

续表

类别		图示	特点
落叶灌木	迎春花		迎春花性喜光、稍耐阴、略耐寒、怕涝，适宜种植于疏松肥沃和排水良好的沙质土壤中，在建筑景观绿化中宜配置在湖边、溪畔、桥头、墙隅，或在草坪、林缘、坡地旁，房屋周围也可栽植
	紫丁香		紫丁香生长习性喜阳，喜土壤湿润而排水良好，适庭院栽，广泛栽植于庭园、机关、厂矿、居民区等地，常丛植于建筑前、茶室凉亭周围或散植于园路两旁、草坪之中
	木槿		木槿喜光和温暖潮润的气候，稍耐阴、喜温暖、湿润气候，耐修剪、耐热又耐寒，可做花篱式绿篱，孤植和丛植均可，观赏效果好
	金银忍冬		金银忍冬性喜强光，每天接受日光直射不宜少于 4 小时，稍耐旱，但在微潮偏干的环境中生长良好，在建筑景观设计中，常将金银忍冬丛植于草坪、山坡、林缘、路边或点缀于建筑周围，观花赏果两相宜
	绣球花		绣球花喜温暖、湿润和半阴环境，可配置于稀疏的树荫下及林荫道旁，片植于阴向山坡，也可在建筑物入口处对植两株，沿建筑物列植一排或丛植于庭院一角
	红瑞木		红瑞木喜欢潮湿温暖的生长环境，喜肥，在排水通畅，养分充足的环境，生长速度非常快，夏季要注意排水，冬季在北方有些地区容易冻害，在建筑景观设计中多丛植草坪上或与常绿乔木相间种植
三、观花类植物 观花类植物是以观花为主的植物，其花色艳丽，花朵硕大，花形奇异，并具香气，依据季节的不同又可分为春、夏、秋、冬四个季节最适宜观花的植物			
春季	水仙		水仙性喜温暖、湿润、排水良好，它能够吸收噪声、废气，释放出新鲜空气

续表

类别		图示	特点
春季	风信子		风信子喜阳光充足和比较湿润的生长环境，要求排水良好和肥沃的沙壤土等，植株低矮整齐，花序端庄，花色丰富，花姿美丽，适于布置花坛、花境和花槽，也可作切花、盆栽或水养观赏
	虞美人		虞美人呈紫红色，基部通常具深紫色斑点，喜阳光充足的环境，喜排水良好、肥沃的沙壤土，不耐移栽，适宜用于花坛、花境栽植，也可盆栽或作切花用，在公园中成片栽植，景色非常宜人
	杜鹃花		杜鹃花枝繁叶茂，绮丽多姿，是优良的盆景材料，在建筑景观设计中最宜在林缘、溪边、池畔及岩石旁成丛成片栽植，也可于疏林下散植
	郁金香		郁金香花单朵顶生，大型而艳丽，花朵呈红色、白色或黄色，花丝无毛，无花柱，柱头增大呈鸡冠状，花期 4—5 月，观赏效果极佳
夏季	荷花		荷花对生长环境有着极强的适应能力，在中国各地园林中，盆荷的应用非常广泛，盆栽和池栽相结合的布置手法，提高了盆荷的观赏价值，在园林水景和园林小品中经常出现
	牵牛花		牵牛花一般在春天播种，夏秋开花，花的颜色有蓝、绯红、桃红、紫等，也有混色的，花瓣边缘的变化较多，是常见的观赏植物
	石竹		石竹性耐寒，在夏季多生长不良或枯萎，栽培时应注意遮阴降温，要求肥沃、疏松、排水良好及含石灰质的壤土或沙质壤土，在建筑景观设计中可用于花坛、花境、花台或盆栽，也可用于岩石园和草坪边缘点缀
	美人蕉		美人蕉喜温暖和充足的阳光，不耐寒，对土壤要求不严，在疏松肥沃、排水良好的沙土壤中生长最佳，也适应于肥沃黏质土壤生长，具有净化空气、保护环境的作用，是绿化、美化、净化环境的理想花卉

续表

类别		图示	特点
夏季	紫薇花		紫薇花花色鲜艳美丽，花期长，寿命长，树龄有达 200 年的，热带地区已广泛栽培为庭园观赏树，有时也作盆景，可栽植于建筑物前、院落内、池畔、河边、草坪旁及公园中小径两旁
秋季	菊花		菊花生长旺盛，萌发力强，有些品种的枝条柔软且多，便于制作各种造型，组成菊塔、菊桥、菊篱、菊亭、菊门、菊球等形式精美的造型，又可培植成大立菊、悬崖菊、十样锦、盆景等，形式多变，蔚为奇观
	茶花		茶花花瓣为碗形，分单瓣或重瓣，性喜温暖、湿润的环境，花期较长，多用于城市绿地、公园、住宅小区、城市广场、花坛和绿带中
	海棠		海棠适用于城市街道绿地和矿区绿化，宜孤植于庭院前后，对植于门厅入口处，丛植于草坪角隅，或与其他花木相配植，也可矮化作盆栽
	木芙蓉		木芙蓉性喜温暖、湿润环境，不耐寒，忌干旱，耐水湿，对土壤要求不高，瘠薄土地也可生长，适用于庭园栽植，可孤植、丛植于墙边、路旁、厅前等处
	桂花		桂花喜温暖，抗逆性强，既耐高温，也较耐寒，在全光照下其枝叶生长茂盛，开花繁密，在阴处生长枝叶稀疏、花稀少，是集绿化、美化、香化于一体的观赏与实用兼备的优良园林树种
冬季	蜡梅		蜡梅性喜阳光，但亦略耐阴、较耐寒、耐旱，对土质要求不严，但以排水良好的轻壤土为宜，利于庭院栽植，又适作古桩盆景和插花与造型艺术，是冬季赏花的理想名贵花木
	君子兰		君子兰忌强光，为半阴性植物，喜凉爽，忌高温，具有很高的观赏价值，中国常在温室作为盆栽供观赏，一般是分株或种子繁殖，功效相同的尚有垂笑君子兰，各地温室栽培，花色多样

续表

类别		图示	特点
冬季	仙客来		仙客来性喜温暖，怕炎热，在凉爽的环境下和富含腐殖质的肥沃沙质壤土中生长最好，适宜于盆栽观赏，也可置于室内布置
	一品红		一品红对水分的反应比较敏感，生长期需要水分供应充足，喜阳光，可盆栽
	蟹爪兰		蟹爪兰喜温暖，忌严寒，喜湿，忌燥，可单株或成群种植

四、水生植物

根据水生植物的生活方式，一般将其分为挺水植物、浮叶植物、沉水植物和漂浮植物四大类，而作为景观设计中常用到的水生植物，主要为挺水植物与浮叶植物，有时也使用少量的漂浮植物来进行设计

挺水植物	荷花		荷花的花期在6—9月，花瓣多，有红、粉红、白、紫等色，或有彩纹、镶边，可在山水园林中作为主题水景植物
	水葱		水葱生长在湖边或浅水塘中，根茎粗，有许多的须根，以直立性呈现，外观与食用小葱极为相似，能耐低温，常用于景观绿化中作栽培观赏用
	香蒲		香蒲生于湖泊、池塘、沟渠、沼泽及河流缓流带，花果期在5—8月，一般成丛、成片生长在潮湿多水的环境，常用于点缀园林水池、湖畔，构筑水景，宜做花境、水景背景材料，也可盆栽布置庭院
浮叶植物	睡莲		睡莲属多年生水生草本，根茎肥厚，叶柄呈圆柱形且细长，叶椭圆形，浮生于水面，多成片种植，观赏性较好

续表

类别		图示	特点
浮叶植物	王莲		王莲拥有巨型奇特似盘的叶片，浮于水面，十分壮观，观叶期 150 天，观花期 90 天，若将王莲与荷花、睡莲等水生植物搭配布置，将形成一个完美、独特的水体景观
	萍蓬草		萍蓬草叶纸质，宽卵形或卵形，少数有椭圆形，花梗长有柔毛，萼片黄色，外面中央绿色，矩圆形或椭圆形，作为水景点缀的主体材料，常于开阔园林水景所应用
五、草坪植被 草坪植被是用以构成园林草坪的植物材料，除具有一般绿化功能外，还能减少尘土飞扬、防止水土流失、缓和阳光辐射，并可作为建筑、树木、花卉等的背景衬托，形成清新和谐的景色			
草坪植物	早熟禾草坪草		早熟禾草坪草属多年生草本，具匍匐细根状茎，根呈须状，常应用于游憩草坪草、观赏草坪草、运动场草坪草、交通安全草坪草和保土护坡草坪草
	结缕草		结缕草叶片扁平或稍内卷，表面疏生柔毛，背面近无毛，喜光，在通气良好的开旷地上生长壮实，但又有一定的耐阴性，是极好的运动场和草坪用草
	果岭草		果岭草叶片纤细、密集、节间短、低矮、耐盐等，适应性广，生长势强，成坪快，是优质运动场草坪卷
	剪股颖		剪股颖耐瘠薄，有一定的抗病能力，不耐水淹，春季返青慢，秋季天气变冷时，叶片比草地早熟，禾更易变黄，常被用于绿地、高尔夫球场球盘及其他类型的草坪

备注：

1. 自然式草坪的主要特征在于充分利用自然地形，或模拟自然地形的起伏，造成有开朗或闭索的原野草地风光，在自然式草坪中，树种的选择宜丰富些，种植形式应采取自然式或“三五成林”，或孤植、片植都比较适宜
2. 在规则式草坪中多选择树形整齐、美观、轮廓鲜明的树种，种植形式也以规则式为主，并且常用一些规则式的花坛、模纹点缀装饰，或边缘以花边，增加观赏效果，凡属规则式草坪对地形、排水、养护管理等方面要求较高

补充要点

草坪植物特点

1. 便于修剪，其生长点要低，比如高尔夫果岭草坪修剪高度在5mm左右，一般植物很难满足其要求。
2. 叶片多，且具有较好的弹性、柔软度、色泽，视觉上比较美观漂亮，脚踏上去也要柔软、舒服。
3. 具有发达的匍匐茎和强的扩展性，能迅速地覆盖地面。
4. 生长势强、繁殖快、再生力强。
5. 耐践踏，比如经得住足球运动员来回踩踏。
6. 修剪后不流浆汁，没有怪味，对人畜无毒害。
7. 耐逆性强，在干旱、低温条件下能很好生长。

二、绿化设计的方法

绿化的规划设计必须将绿地的构成元素与周围建筑的功能特点和当地的文化艺术因素等综合起来考虑，尤其要重点考虑文物古迹、民间传说、名贵植物、有特色的建筑或山水等，要确定好重点景色。

1. 注重功能分区

功能分区依据用地与建筑物的关系、用途等大致分为协空间、创空间、游空间三种，其中协空间指过渡空间，创空间指服务空间，游空间则指休闲空间（图4-36～图4-38）。

（1）注意事项。应确保整体布局的平衡及各个部位对应的恰当空间；停车位的位置要考虑与前面道路之间的关系（如宽度、道路坡度及用地各方位的高差关系）；要分析欲借景使用的最佳观景地的营建及是否有需要被遮挡的部分；掌握原有树木、邻接用地的植被状况以及设备箱位置的整合性；对于用于确保私密的植物，强调重点的区域，与植物亲密接触的区域，以及面向外部的形象栽植区域等，均应考虑到整体的协调性，并结合各自目的做好设计。

（2）绿化布局方法。绿化设计能使景观绿地获得最大的生态、社会及经济效益，各种绿地的布局方法都可遵循以下原则。

1）网络分割原则。充分发挥生态效益，绿地相互连接，包围、分割市区，将以建筑为主的区域分割成小块，整个区域外围也以绿带环绕，如此可充分发挥绿地的改善环境和防灾的效果。

2）服务范围均匀分布原则。不同级别、类型的公园一般不互相代替，要使每户住户都能方便地使用就近的公园和居民区、企事业单位、

图4-36 协空间

图4-37 创空间

图4-38 游空间

公共场所等周边的绿化公园，从而达到区域园林化。

3）隔离、防护、净化原则。在大气污染源、噪声源与生活居住区、学校、医院之间用防护绿地和绿化带加以隔离，中心广场、交通枢纽用绿地和树木来净化空气。

4）结合现状原则。结合山脉、河湖、坡地等建造绿地，并连成脉络，将已有的公园绿地、道路、景观、绿地、植被较好的地段尽可能地组织到绿化系统中来。

补充要点

行道树

行道树的选择标准是生命力强健、便于管理，花、果、枝叶无不良气味，能适宜当地生长环境，移植时成活率高，生长迅速而健壮的树种；能适应粗放管理，对土壤、水分、肥料要求不高，耐修剪、病虫害少、抗性强的树种。

2. 利用植物巧妙造景

植物造景是应用乔木、灌木、藤本及草本植物来创造景观，充分利用植物本身形体、线条、色彩、质地等自然美进行构图，并通过植物的生命周期变化配植成一幅幅具有动态美感的画面。

（1）借势造景。借势造景主要是利用植物的气场创造出具有趣味性和不同自然状态的景观（图4-39）。

（2）遮挡。遮挡是为了避免过度的尺度感，一般可用绿篱、针叶树类植物等对具有现实感的事物进行遮挡，也可用构筑物遮挡劣景，从材质本身就能感受到遮挡的强烈度（图4-40）。

（3）若隐若现。若隐若现的技法不是采用完全封闭的方式，而是在目标物前栽植植物，或者在种植箱内种上季节性花卉，透过细小枝干和花卉的间隙隐约能看到对面，但却不能完全看清楚的“模糊”手法（图4-41）。

（4）隔景。隔景是视线被阻挡，但隔而不断的空间，景观互相呼应。隔景通常有实隔、虚隔和虚实隔3种手法，虚实主要依隔景所用的材料而定，实墙、山体、建筑物等为实隔；水面、通廊、花架、漏窗、疏林、雕塑艺术造型等为虚隔；二者兼而有之，则为虚实隔（图4-42）。

完全隔景包括多层次隔景和宽松隔景，前者主要用绿篱和其他矮木、灌木、草丛等绿植结合的方式隔景，后者则是用不可踩踏的草本、花卉等地被植物隔景。

（5）围景。围景可利用木栅栏或绿篱来重新进行空间的围合，注意控制好通风和日照方向，围景依据植物高度的不同，围合形式会有所变化。

图4-39 借势造景

图4-40 遮挡

图4-41 若隐若现

（a）多层次隔景

（b）宽松隔景

图4-42　完全隔景

第三节　建筑景观雕塑

雕塑是人类历史上最伟大的艺术形式之一，随着西方文化和艺术的发展，雕塑的概念和范围得到了极大的延展，现代雕塑不再仅仅是三维的，它也可以是二维的，还可以是四维的；雕塑可以是通过一定手段制作的成品，也可以是无须加工的现成品，尤其是装置性雕塑的产生将雕塑的概念进一步扩大。

一、雕塑的发展历史

1. 中国雕塑发展史

早在公元前4000年以前，中国就出现了原始时期的雕塑作品。已知最早的雕塑作品是发现于河南省密县沟的一件小型人头陶像，属距今7000余年前的裴李岗文化遗物。古代原始社会所使用的石器和陶器，被认为是中国雕塑艺术的发端，同时也是中国雕塑后来走向多元化以及多样性发展的重要基础（表4-4）。

表4-4　中国雕塑发展

类别	图示	特点
史前雕塑		主要指新时期时代的雕塑，这类作品以陶塑居多，也有少量石、玉等材料的雕刻，有的是独立的雕塑作品，有的则是附加于器物盖或口沿、肩部的装饰物，这些作品普遍出现于仰韶文化、马家窑文化、龙山文化、红山文化、河姆渡文化、大溪文化等南北各地古文化遗址之中
商周时期雕塑		主要是具有雕塑性质的青铜礼器，以人和动物或神异动物形象铸为器形，商代作品大多富于神秘、威慑的色彩，表现的是神化了的人与兽；西周以后，风格趋于写实，现实的、理性的因素有所增长；春秋、战国时期，转向于繁缛华美，追求装饰性
秦代时期雕塑		代表为秦俑雕塑群，它以巨大的体量和数量、群体的组合、气宇轩昂的形象，造成震撼人心的艺术感染力，在人物和车马的塑造上表现出力求模仿生活真实的倾向，发式、服装的细节表现得非常具体，军士佩戴的兵器用的是实物，塑造的基准方法是模制与手塑相结合，入窑烧制后再加彩绘

续表

类别	图示	特点
汉代时期雕塑		汉代雕塑在继承秦代雕塑气势恢宏风格的基础上，更加突出了雕塑作品雄伟刚健的艺术个性，这一时期的陵墓雕塑，已经从秦陵的地下墓葬雕塑形式发展成为地上陵墓装饰雕塑，大型纪念性石雕的出现是汉代雕塑最主要的特点
魏晋南北朝雕塑		魏晋时期雕塑发展上的一个重要现象是随着佛教的兴盛而出现的大规模的营造石窟寺的活动，主要的造窟工程是以皇室或勋臣贵戚名义，动用国家资金和营建力量兴造的，工程浩大、宏伟；而南北朝时期另一类大型石雕则是陵墓地面石刻群
隋唐雕塑		隋唐时期，佛教造像较前代风格呈现出更加多样化的色彩，雕塑作品典雅凝重，制作手法和工艺也都更加纯熟，无不表现出盛世的繁荣景象，俑类作品在隋唐时期也达到新的艺术高度，制作材料有泥、木、瓷、石等多种
宋、辽、金雕塑		这一时期的雕塑可分为宗教雕塑、陵墓雕塑和手工艺雕塑三大类，雕塑进一步生活化和世俗化，创作手法更趋写实，材料更加多样，制作工艺也进一步提高；其中陕北石窟带有鲜明的时代和地域特色，佛像造像手法简练，菩萨雕像一反前代的庄重威严，具有亲切平易的风度
元明清雕塑		元代以后雕塑艺术成就突出地表现在宫廷、皇家园林的环境雕塑方面；就雕塑的题材内容来说，元明清时期的石窟造像逐渐走向衰退，甚至绝迹，而寺庙造像较之前更加发达；陵墓雕刻在明清时期依然盛行，但在造型上缺乏活力，呈现程式化趋势；手工艺雕刻继续朝世俗化和生活化发展；另外，明清时期的建筑装饰雕刻也极为发达
现代雕塑		中华人民共和国建立后，中国的架上雕塑、大型纪念性雕塑、园林雕塑、城市环境雕塑、民间雕塑与大型泥塑群像等雕塑艺术都有了长足发展；改革开放三十年来的雕塑，呈朴素单纯的写实风格，以叙事与纪念为主，以典型的“亮相”表情和动势居多；而在新时代，受新思想的影响，雕塑从主题和形式上都有较大的突破，抽象的表现方法逐渐被广泛应用，雕塑材料变得丰富多彩，从传统的铜、石头和水泥，扩展到不锈钢、玻璃、钛合金等新材料

2. 外国雕塑发展史

西方雕塑艺术发展至今，已有几千年的历史，从史前到古典、再到现代，西方雕塑艺术为人类文明的发展积淀了丰富的艺术精华，它们不仅是艺术史上的典范之作，更是人类文明进程中的缩影和见证（表4-5）。

表4-5 外国雕塑发展

类别	图示	特点
史前雕塑		史前雕塑不仅饱含了早期文明的特色，更是年代的见证

续表

类别	图示	特点
古埃及雕塑		这一时期雕塑的发展受到众多的神话故事以及由来已久的宗教信仰的深刻影响，雕塑主要以陵墓雕塑、宗教雕塑以及纪念性雕塑为主
古风时期雕塑		古风时期的雕塑开始使用大理石来进行雕刻，设计开始关注人体的完美比例以及运动姿态，在运动中发掘人体的静态美
古典时期雕塑		古典时期则更加强调塑造人物的个性和情感
希腊化时期雕塑		希腊化时期的雕塑则在创作技法上，运用高度的写实技巧刻画人体的姿态以及面部表情，衣纹处理细腻、线条流畅且富有动感，无论是人体美还是内在的心理变化都被表达得淋漓尽致
古罗马雕塑		古罗马的雕塑有两种不同风格：一种是偏重写实；另一种则有一定的理想化成分，外形被美化了，且除人像雕塑以外，在古罗马的建筑、纪念柱、广场等中，还有大量的圆雕和浮雕作品出现，这些作品同样有着写实、直率的风格特点
欧洲中世纪时期雕塑		这个时期的雕塑主要用于建筑装饰，既有放置在建筑外部的建筑性雕塑，也有陈列在室内的独立雕塑
文艺复兴时期雕塑		这一时期，艺术形式逐渐多样化，雕塑开始摆脱依附建筑的地位，开始独立发展，雕塑作品开始注重表达人文主义的理想，同时雕刻技法也伴随着科学技术的发展而更加先进，透视学和解剖理论的运用，使得人物形象塑造更加准确和细致；雕塑的创作重心也由单纯的人物转向更广泛的人所存在的现世生活，人物形象上更富立体感和真实性，人物姿态极富动感和夸张的效果
巴洛克风格雕塑		巴洛克风格的雕塑艺术充满了曲线的动感和复杂，人物形象具有真实的效果

续表

类别	图示	特点
洛可可风格雕塑		洛可可风格的雕塑增添了许多柔媚华丽的成分和浓厚的装饰意味
现代雕塑		现代雕塑摒弃了古典艺术的审美原则，形态也呈现出多元化状态，使用的材料也越来越丰富；此外，构成主义对现代雕塑有着决定性影响，它弱化了雕塑的体量感，强调空间中的势，并吸收了未来主义的运动感、立体主义的拼贴和浮雕技法以及绝对主义的几何抽象理念，将传统雕塑的加和减转化为组构和结合，主张用形式的功能作用以及结构的合理性来代替艺术形象

补充要点

雕塑的发展趋向

1. 雕塑将成为公共艺术的主要形式。造型丰富独特的雕塑，一方面，能与周围的自然和人文环境有机地整合在一起；另一方面，雕塑被公众所普遍接受和认同，成为建筑景观空间中重要而独特的地标物。
2. 雕塑将更具人文色彩。随着经济发展和公众物质生活水平的提高，公众的精神需求不断增长，这为雕塑提供了必要的创作和展示场所，从而满足雕塑本体所需的空间性，同时更多体现人情意味的雕塑作品出现在各种可能的公共环境中供公众欣赏，这种对视觉享受的满足，是雕塑最具人文色彩的时代精神。
3. 雕塑造型将更多元化。城市空间和科学技术的发展让雕塑创作呈现多元化的局面，简单概括来说，有以下两个主要特点，首先是动感性，艺术家在创作时，将气流、光色和音响效果引入雕塑活动，将传统静止的雕塑变“活”，动感性又引出雕塑的另外一个特点，即体验性，活的雕塑鼓励人们积极参与到雕塑中来，使之置身于其中从而产生参与感和体验感。

二、雕塑的内涵

雕塑是一门传统的艺术，人通过雕和塑两种手段重新创造出具有美感的实体，表达自己对世界与环境的认识。

1. 特征

（1）互动性。雕塑综合了多方面的艺术知识，这体现了它与其他学科之间的互动性，在一件雕塑作品上倾注个人思想和审美感受的时候，要多方面地考虑雕塑与周围环境及受众之间的关系，因为它涉及美学、社会学、人类工程学、行为心理学等学科（图4-43）。

（2）独立性。雕塑不仅要体现公共空间的独立性，还要在审美与思想层面对既有的僵化的审美趣味与文化权力话语展开批判。公共雕塑作为公众生活空间的一个重要组成部分，时刻都在作用于观者的感官，影响公众的精神生活。成功的公共雕塑要考虑民意，反映民意和人文关怀，且公共雕塑还应成为一条公众与雕塑互动的纽带。

雕塑的形状、体积和空间特征、颜色及形式需要与具体的环境和地理的规划相协调，公共雕塑在客观上要求艺术具有一定的多样性。公共空间中人流不息，面对不同社会层次、不同教育背景，甚至不同民族的人群，雕塑并不一定都要具有观念样式的先进性和前卫性，它更应该表达人间恒常的理

图4-43　互动性

图4-44　独立性

图4-45　设计性

图4-46　纪念性雕塑

图4-47　主题性雕塑

图4-48　装饰性雕塑

图4-49　功能性雕塑

性与普遍情怀，使较多人群能产生共鸣，雕塑作品的表现语言应当强调满足公共性要求的通俗化倾向（图4-44）。

（3）设计性。雕塑作为城市或乡村的标志性记忆，已被大众所认可，这些雕塑代表着不同地区、时代的文化遗产，无论它们是抽象的、具象的，还是象征的作品，都具有丰富的内涵并值得公众去欣赏和记忆，需注意这些公共雕塑的主题和位置的选择，一定要有规划（图4-45）。

2. 类型

（1）按照功能分类。可以分为纪念性雕塑、主题性雕塑、装饰性雕塑、功能性雕塑及陈列性雕塑（图4-46～图4-50）。

（2）依据形式划分。可以分为圆雕、浮雕和透雕（图4-51～图4-53）。

图4-50　陈列性雕塑

图4-51　圆雕

图4-52　浮雕

图4-53　透雕

3. 作用

雕塑的主要作用包括心理调适作用、经济作用以及文化保值作用，心理调适作用能够很好地促进社会的进步和发展，经济作用能够带动城市经济的有序发展，文化保值作用则能够很好地传承历史文化。

纪念性雕塑主要用来纪念或缅怀重大事件活动的人或事，一般使用能长期保存的雕塑材料，并放置于特定的环境，或纪念性建筑的综合体中，具有庄严与永久性。

主题性雕塑是某个特定地点、环境、建筑的主题说明，它具有纪念、教育、美化、说明等意义，主要揭示城市建筑和建筑环境的主题。

装饰性雕塑是以装饰为目的进行的雕塑创作，主要特征在于强调主体对客体的感受，注重艺术规律和形式美法则，偏重趣味性，淡化情节性，注重思想化的抒情，富于浪漫主义的夸张，具有象征性表现技法的内涵和依附性的特征。

功能性雕塑强调环境雕塑和使用功能的结合，创造出既实用又具有艺术审美的雕塑作品，主要目的是实用，不仅可以丰富环境，启迪思维，同时也能让公众在生活的细节中真真切切地感受到美。

陈列性雕塑的艺术特征要求它与周围环境互相协调统一，互相衬托，陈列性雕塑还可以移植到室外某一个地方，永久地陈列起来，以供公众参观欣赏。

圆雕指非压缩的，可以多方位、多角度欣赏的三维立体雕塑，有写实性的与装饰性的，也有具体的与抽象的，户内与户外的，架上的与大型城雕，着色的与非着色的等，主要可以通过对人物的细致刻画来暗示出人物所处的环境。

浮雕是用压缩的办法来处理对象，靠透视等因素来表现三维空间，并只供一面或两面观看，一般是附属在另一平面上的，因此在建筑上使用更多，主要有神龛式、高浮雕、浅浮雕、线刻及镂空式等几种形式。

透雕指去掉底板的浮雕，它能产生一种变化多端的负空间，并使负空间与正空间的轮廓线有一种相互转换的节奏，部分可供两面观赏。

三、雕塑设计的要求

1. 设计基本要求

（1）体量、形态要符合要求。雕塑要适合所处的环境，也就是雕塑的体量、形态、材质要符合所处的具体环境空间，从而产生恰当的效果，恰当的效果可以是和谐的，也可以是冲突的，主要依据雕塑创作的特定目的而定（图4-54）。

（2）雕塑要与周边环境融合。开敞空间对雕塑也具有相对的限定性，要求其适应周边环境，在表现手法和形式上，室外雕塑不仅要与建筑外观相协调，而且要起到丰富和活跃环境空间气氛的作用，依据空间环境的需要，室外雕塑在适应建筑外部空间特性的同时，更容易表达出气势恢宏、亲近城市与自然的主题。因此，在视觉和心理上，雕塑通过对室外环境的视觉强化，从而参与了总体空间环境的建设，并起到了画龙点睛的作用（图4-55）。

（3）合理利用灯光。在使用灯光时要考虑雕塑阴影的问题，灯光不能影响到雕塑的真实性，反而要能增添雕塑的视觉美感（图4-56）。

（4）要能延伸主题。雕塑在视觉心理上都受制于不同的空间环境和使用功能，利用观众的视觉与心理上产生的效应，不仅能使空间得以扩展和紧缩，达到在整体空间设计层面上延伸主题或点题的目的，还能以雕塑独特的形式参与空间环境的再创造。雕塑的设计必须要配合环境并适应公众的审美需求，才能为公众创造更好的审美氛围（图4-57）。

图4-54 雕塑体量符合要求

图4-55 环境与雕塑

图4-56 灯光与雕塑

图4-57 适应公众审美的雕塑

2. 设计多维要求

（1）满足社会公众的要求（图4-58）。公众性是雕塑创作中必须考虑的重要因素，雕塑应该注重与公众的交流，而不能是局限于完全脱离环境氛围，单纯表现个人思想的独立作品。设计一个成功的环境雕塑应当注重以下几个方面：

1）人的因素是雕塑创作中不可忽视的关键，雕塑要对公众起到一定的积极影响，对于雕塑，公众的态度更多的是从被动接受转换为主动参与。

2）雕塑设计的尺度和形式，必须要符合雕塑所在的场所，还要与特定场所的公众行为和心理活动保持一致，并试图与公众建立起某种联系。雕塑的形式和主题与公众的行为和心理产生联系，从而为公众带来一种轻松而富有趣味的感受。

3）雕塑作品还需符合不同区域、不同民族的审美要求，要具备适宜的文化内涵，雕塑要给予环境以活力，并与公众之间产生心灵对话。

（2）满足人工环境的要求（图4-59）。在设计雕塑时，除了要让公众欣赏到雕塑优美的形式和它所营造的高雅氛围外，还要能从中领略到当地所特有的历史人文气息，这就要求雕塑的内容必须与人工环境相协调一致。雕塑与人工环境互相渗透、融合后的艺术形式浑然天成，凸显了人工环境的艺术之美。因此，雕塑要与人工环境相互融合、相互影响、协调共生，这样，雕塑作品才能成为融入人工环境结构中的有机组成部分。

（3）满足自然环境的要求（图4-60）。雕塑与自然环境有机结合，就是要求设计者将雕塑作品与自然环境统一、协调地联系起来，使雕塑作品具有永恒的艺术生命力。环境雕塑的创作，应从自然环境的具体特点出发来思考雕塑的创作。

（4）满足文化环境的要求（图4-61）。在雕塑的设计思维中，应突出区域的个性化特征，做到对历史文化的尊重与艺术价值的深化，在环境整体美中寻找民族特色及区域形式美，因此，雕塑既要满足公众对自己所居住空间的艺术质量要求，又要在文化领域反映公众不断提高的精神层次。

图4-58　雕塑与公众互动

图4-59　雕塑具备艺术美

图4-60　雕塑与自然结合

图4-61　雕塑传承文化

四、雕塑的构成要素

雕塑的构成要素主要包括形状、色彩、材料、尺度以及空间等，下面将分点讲解。

1. 形状

（1）形态要素。指存在于环境空间中的形态物象，主要包括点、线、面、体，从雕塑的立体构成上看，点是有体积、有形状的，是有规则或无规则的任意一种形态，可以是很小的也可以是很大的；从雕塑的立体属性上来说，几何学上一元无质量的线要用三元有质量的体来表现，线一般分为直线与曲线，不同的线能表达不同的情感；面可以叠加、组合、渐变、旋转、扭曲等，这极大丰富了雕塑的表现语言，面与点材、线材的综合使用，带来了雕塑立体语言的生动性和形式的多样性；在雕塑的立体构思中，多将几何学上无重量、无实际体用的三次元转化为有重量、有实际质的立体，这使得雕塑的立体构成将会表现得更加生动和厚重（图4-62）。

（2）正负空间的运用。从现实操作的层面上看，雕和塑的过程也就是形体的减法与加法的过程，这样就出现了形体的凹凸问题，进而“正负空间”的关系便在雕塑造型中产生了，正空间的特征表述为“凸”，那么相对而言，负空间的特征则大抵可以表述为“凹”，壳状物是形体凹进的典型。从内部来看，壳体因其凹陷的空间而具有包容性，从外部来看，壳体又因其拱形的外表以及对外力的抗压力，给人以膨胀感，而就其本身的实际结构而言，壳体又因其自身的单薄而给人以轻捷、空灵的感受。

2. 色彩

现代雕塑离不开色彩的运用，色彩是有感情的，色彩对雕塑视觉空间不再是单一的平面效果，色彩具有明度、纯度、色相三个要素，在空间中它依旧占据了独特的视觉感受。现代雕塑的色彩设计受环境的影响是最明显的，不同的环境需要不同的色彩效果来表现。

雕塑与环境其实就像形象与背景，形象是指视觉所见的具体刺激物，背景是指与具体刺激物相关联的其他刺激物，需要引人注目的地方，色彩明暗对比都比较强烈，而希望不引起注意的地方则相反，要融入环境就得跟环境的色调保持一致（图4-63）。

3. 材料

雕塑艺术的发展离不开材料的创新及运用，和手工业或者工业的发展、进步有着相得益彰的关系，也正因为如此，更离不开技术成熟与革新。必须明确雕塑艺术离不开材料的应用，而材料的发展往往成就了雕塑的辉煌，雕塑的形象是借助材料呈现出来的。

此外，材料具备传达审美语言的功能，公众通

（a）点　（b）线　（c）面

图4-62　雕塑形态要素

过感官来获取对一种物质的了解和感受。材料的质地、肌理、色彩、反光通过视觉、触觉甚至听觉传递着综合信息，人脑结合这些信息，会对雕塑产生一种大致的印象，这种印象结合公众之前所接触到的事物，进而产生软硬、冷暖等心理感受（图4-64）。

4. 尺度

雕塑的尺度、体量设计是体现和表达作品内涵的关键，尺度是寓于作品中的美感和比例感，是雕塑与人的相互关系的一种反映。解决尺度问题是为了选择一个良好的尺寸，其尺寸与作品的要求相符，是表现主题所需的。此外，一般人、环境以及雕塑本体会对尺度产生影响（图4-65）。

（1）人的影响。雕塑作品的高低大小，会给公众留下不同的艺术感染力，雕塑在创作过程中，首先要考虑到空间中存在的人。

（2）环境的影响。放置雕塑的环境具有开放性和封闭性，尺度如果没有经过分析，估算计量，选择合适的高度和体量，将会造成雕塑与周围的环境的失衡。

（3）雕塑本体的影响。雕塑尺度的问题，也是雕塑本体的问题，在进行雕塑的创作之初，艺术家会对尺寸、体量进行估计，在小稿的创作阶段会对尺度有合理把握。

5. 空间

空间关系是指雕塑主体空间与环境空间之间存在的具有空间特性的关系，主要包括方位关系、朝向关系和时间关系等，这是雕塑规划设计和评价的依据与基础（图4-66）。

图4-63　色彩

图4-64　材料

图4-65　尺度

图4-66　空间

第四节 案例分析：深圳湾 1 号（扫码下载案例）

案例二维码

工程介绍

深圳湾1号位于后海中心区东滨路与科苑大道交汇处西北侧，紧邻深圳湾内湖的一线海景地块，也是从南侧深圳湾口岸所看到的第一个项目，是集办公、居住、酒店、商业于一体的高端城市综合体，建成后将是后海地区的标志性建筑群，总建筑面积为358000m^2，建筑高度在70~338m。

本章小结

建筑景观设计包含的内容较多，无论是景观铺装、景观绿化，还是景观雕塑，设计总需要考虑到周边环境和人对建筑景观的影响，同时还必须注意掌握好设计的尺度问题，确保建筑景观的功能与形式能够和谐统一，并具有其独特的寓意。

课后练习

1. 简述建筑景观铺装的概念与分类。
2. 简述国内外建筑景观铺装的发展历程和发展趋势。
3. 分点说明铺装的功能。
4. 铺装的设计原则、设计要素有哪些？
5. 列表说明常见绿化植物的种类。
6. 景观绿化如何设计？
7. 分述雕塑的发展史和内涵。
8. 雕塑的设计要求有哪些？
9. 雕塑主要有哪些构成要素？

第五章

建筑景观设计元素

高清彩图
（扫码下载）

PPT 课件
（扫码下载）

» 学习难度：★★★★★

» 重点概念：材料、结构细节、景观小品、水景、照明

» 章节导读：一个优秀的建筑景观不是空想就可以设计出来的，它必定需要优质的材料，稳固的墙体结构，细致的构造细节，和谐的水景与景观小品，以及恰到好处的照明等来作支撑，设计师在设计时必定需要综合考虑，统筹全局来设计。在设计之初，必须确定好设计理念与设计思想，并以此为基础发散思维，确定所需设计元素的具体特征，这样的建筑景观设计才是适合这个时代的设计。

第一节　材料

材料是建筑景观设计中必有的一个元素，它是所有设计的基础，同时也是材料实现设计的现实化。不同的材料拥有不同的纹理和情感，所能表达的设计思想也会有所不同，下面将介绍建筑景观中常用的几种材料。

一、常见建筑景观材料

1. 砖

砖多用于砌筑外墙，它拥有固定的尺寸，自然丰富的色彩和多样的规格，同时价格实惠，质量优良。在建筑景观设计中，不仅可以使用砖来砌筑外墙，还可以将其用于砌筑座椅、地面铺装、树池、花池以及水池等。

砖具有良好的塑性，可以就地取材进行烧结，同时可自由设计造型，在图案、接缝以及外表的布局和工艺上都具有比较好的处理潜能，能激发设计师的灵感，可以很好地表现出投影、上色以及浮雕等独特的视觉感（图5-1）。

图5-1　砖的运用

2. 天然石材

天然石材拥有比较好的耐久性，质地、纹理和色彩等会因产地和成分的不同而发生变化，经过后期设计加工后，天然石材表面的色泽和纹理也将变得更丰富，这些各具特色的天然石材能够为建筑景观的设计提供更丰富、更细腻的细节灵感(图5-2)。

图5-2　天然石材的运用

3. 花岗岩

花岗岩质地比较硬，耐磨性、耐久性、耐酸性以及抗风化性能都十分不错，多用于建筑砌筑中，耐火性比较差，使用时要注意（图5-3）。

4. 大理石

大理石同属于天然石材，吸水率比较小，晶粒细小，纹理和色彩比较丰富，质地也比较坚硬，价格较砖要贵，常用的大理石有汉白玉和艾叶青等，也有部分建筑景观空间会使用黑色系的大理石（图5-4）。

5. 木材

木材可分为软木和硬木，软木纹理顺直，材质比较均匀，强度和耐腐蚀性能都较高，硬木则较难加工，虽然拥有美丽、天然的纹理，但容易开裂。总的来说，木材具有比较典雅、温和、亲切的纹理，色泽也比较柔和、丰富，且实用性比较强，表面可自由涂饰，能为建筑景观带来别具一格的装饰感（图5-5）。

6. 金属

金属品质均匀，塑性和韧性都较好，强度也比较高，在建筑景观设计中，一是用于制作建筑结构；二是用于制作金属雕塑或金属景观小品（图5-6）。

7. 玻璃

玻璃具有较好的透明性和透光性，在建筑景观中多用作窗玻璃、楼梯护栏、围墙、桥梁及水池等（图5-7）。

图5-3 花岗岩的运用

图5-4 大理石的运用

（a）木质长廊

（b）木质景亭

（c）木质景观

图5-5 木材的运用

图5-6 金属的运用

图5-7 玻璃的运用

二、建筑景观材料选用的原则

选用建筑景观材料时要遵循以下原则。

1. 整体、统一原则

建筑景观材料的选择与建筑物的风格、体量、样式以及周边的景观环境有关，在具体的设计施工过程中，必定要保证材料与建筑景观的统一性，要正确掌握材料的特征，要使材料和建筑具备统一的性格，要赋予材料与建筑景观相统一的活力，以此来获得建筑景观的整体性。

2. 触发正确情感

不同的材料拥有不同的质感，而不同的质感又能给予公众不同的情感，例如，钢、铁、铝合金等金属材料会给公众一种冰冷的感觉，木材会给公众一种厚实的感觉，塑料会给公众一种轻松的感觉等。由此可见，材料的这种心理诱导作用是非常明显和强烈的。在选择材料时一定要依据设计所要表达的情感来选择正确的材料，这样设计的建筑景观才能触发正确的情感，才能更好地将建筑景观展示在公众面前。

3. 保证施工的合理性

不同的建筑结构所需要的材料特性也会有所不同，在选用建筑景观的材料时应当注意将材料的特性凸显出来，同时在保证施工合理性的前提条件下，将力的传递与受力巧妙地融入建筑景观的设计中来，以达到艺术与技术有机结合的目的。

补充要点

建筑景观设计中材料的连接方式

不同的材料用于构成不同的结构时，所选择的连接方式会有所不同。一般木结构会采用直榫、马牙榫和胶接加钉的方式连接；钢材料多采用焊接、栓接、套接、铆接以及节点球连接的方式连接；玻璃材料多采用胶接或通过其他构件连接的方式进行连接；钢筋混凝土构件多采用现浇节点和节点板的方式连接；陶瓷、砖等块材则多采用开脚锚固，与预埋件节点焊接及膨胀螺栓现场安装的形式连接。

第二节　结构细节

稳固的结构才能赋予建筑景观更多的可能性，才能在历史的长河中屹立不倒，才能更全面地展现建筑景观的设计魅力。

一、墙体结构

这里主要介绍幕墙、挡墙以及护坡的相关内容。

1. 幕墙

幕墙具备独立性和完整性，它是建筑的外墙围护，通常设置在主体结构的外侧，具有良好的水密性、气密性、抗震性、保温性、防火性、隔声性、防雷性及环保性能等，同时幕墙的外观一般都比较美观，具备比较好的观赏性和装饰性（图5-8）。

（a）　（b）　（c）

图5-8　幕墙的运用

（a）　（b）

图5-9　挡土墙的运用

2. 挡墙

建筑景观中的挡墙是指建筑景观空间内所有可以起到阻挡作用的，以砖石及混凝土等实体性材料砌筑的竖向构筑物，一般可以分为挡土墙、驳岸以及景墙等。

（1）挡土墙。指在斜坡或者土方的底部砌筑的工程结构体，一般可起到抵挡泥土崩散的作用（图5-9）。

1）作用。挡土墙可很好的削弱台地之间的高差感，可以有效制约建筑景观空间和空间边界，可以帮助固土护坡，阻挡土层塌落，同时挡土墙也具备比较好的造景作用，能赋予建筑景观空间更多的美感。

2）应用。挡土墙多用于园林、建筑地基、堤岸、码头、路堑边坡、桥梁台座、河池岩壁、水榭、假山及地道等区域，在建筑景观空间中可以很好地丰富景观层次，有比较强的实用价值。

3）砌筑材料。砌筑挡土墙的材料多为天然石块或加工石，砌筑造型有规整式和不规整式，主要使用浆砌法和干砌法进行挡土墙的施工。

4）设计规范。挡土墙必须设置排水设施，施工时要考虑到地面水引排的问题，浆砌挡土墙应当依据渗水量在墙身的适当高度处布置泄水孔，这样能够快速排除墙后面的积水。

（2）驳岸。指在建筑景观空间中水体边缘与陆地交界处设置的与挡土墙类似的构筑物，主要可起到稳定岩壁，保护河岸不被冲刷的作用。

1）作用。驳岸可以防止因为冬季冻胀、风浪淘刷、超重负荷而导致的岸边塌陷，可以有效地维持水体的稳定性，并且可以构成园景、岸坡之顶，可以为水边游览道提供足够的用地空间，游览道可以临水建设，这样有利于拉近人与水景之间的距离，也能提高建筑景观的亲和力。

2）类型与选材。不同的驳岸所选择的材料会有所不同，普通驳岸一般选用砌块来建设，例如砖、石、混凝土等；阶梯驳岸多选择踏步砌块，仿木阶梯来建设；缓坡驳岸多选择砌石、块石、人工海滩沙石等进行建设；带平台的驳岸建议石砌平台；缓坡、阶梯复合的驳岸可以选择阶梯砌石，搭配缓坡种植绿植；而带河岸裙墙的驳岸则多选用木桩锚固卵石来建设，也可以选择边框式绿化建设等。

3）分类。驳岸的分类见表5-1。

表5-1　　常见的驳岸种类

名称	图示	设计方法	备注
山石驳岸		采用天然山石制作，顺其自然石形砌筑成崎岖、曲折、凹凸变化的自然山石驳岸	这种类型的驳岸适用于水石庭院、假山山涧等水体
整形石砌体驳岸		利用加工整形成规则形状的石条，整齐地砌筑成条石砌体驳岸	这种类型的驳岸规则整齐、工程稳定性好，但造价较高，多用于较大面积的规则式水体中
浆砌块石驳岸		采用水泥砂浆，按照重力式挡土墙的方式砌筑块石驳岸	这种类型的驳岸一般会用水泥砂浆抹缝，使岸壁壁面形成冰裂纹、松皮纹等装饰性缝纹理
钢筋混凝土驳岸		以钢筋混凝土材料做成的驳岸	这种驳岸具有比较好的整齐性、光洁性和防渗性，适用于重点水池和规则式水池，或在地质条件较差的地形上建水池
干砌大块石驳岸		仅利用大块石的自然纹缝进行拼接镶嵌，在保证砌叠牢固的前提下，使块石前后错落，以形成石峰、石洞等形态	这种类型的驳岸缝隙密布，生态条件比较好，有利于水中生物的繁衍和生长
板柱式驳岸		使用材料较广泛，一般用混凝土桩、板等砌筑而成的驳岸	这种驳岸的岸壁较薄，不适用于面积较大的水体，多适用于局部的驳岸处理
塑石驳岸		用砖或钢丝网、混凝土等砌筑骨架，外抹（喷）仿石砂浆并模仿真实岩石雕琢其形状和纹理而形成的驳岸	这种类型的驳岸类似于自然山石驳岸，但整体感强，可以很好地和周边环境相协调
仿石桩、竹驳岸		利用钢筋混凝土和掺色水泥砂浆塑造出竹林、树桩等形状作为岸壁	这种类型的驳岸一般设置在小型水面局部或溪流小桥边，别有一番情趣

4）设计要点。驳岸在设计时要重视其防洪功能，它存在的目的就是保护建筑景观中的水体，驳岸设计必须在符合技术要求的情况下同时具有造型美和亲水性，驳岸从另一方面来说也算是亲水平台，在设计时也要考虑其安全防护功能，最好在驳岸边设立相应的防滑措施。驳岸设计一定要坚持实用、经济和美观相统一的原则，要综合多方面统筹考虑，将设计与生态保护很好地融合一起，相互兼顾，能够更有效地维持水体稳定，巩固岸坡的牢固性，并且也能和其他水景协调统一，达到一个相当显著的美化效果。

（3）景墙。一般指在建筑景观空间中用于丰富景观层次，截留视线，以便能更好突出景观特色的挡墙。景墙可帮助遮挡视线，同时也能很好的分割空间，通常和花坛、坐凳等结合布置，能赋予建筑景观空间更多的活力和空间感（图5-10）。

3. 护坡

护坡的主要作用是防止滑坡，减少地表水和风浪对岸坡的冲刷，保证岸坡的稳固。护坡的具体分类可见表5-2。

（a）

（b）

（c）

图5-10 景墙的运用

表5-2 常见的护坡种类

名称	图示	备注
护坡砖		1. 护坡砖的砖体由高强度粉煤灰或混凝土加工而成，施工时要对坡案基层夯实，铺撒 100mm 厚碎石，再将护坡砖按设计要求整齐地铺装
		2. 对于坡度较大的水景岸坡可以使用钢钉固定，铺设完毕后可在砖体缝隙处填充卵石或植草，护坡砖制作后需要浇水养护 10 天左右才可以正常使用
混凝土护坡		1. 混凝土护坡强度较高，一般用于大面积水景坡案边，为了防止长期浸泡而产生开裂，一般要将护坡处理成带装饰凹槽的形态
		2. 混凝土基层处理要对地基高度夯实，铺设 150 ~ 250mm 碎石并压实，必要时需做防水层，采用 C25 混凝土筑模浇筑，待干后使用 1 ： 2 水泥砂浆抹面整平
		3. 混凝土护坡制作要求较高，表面平整光洁，可以在表面继续铺贴瓷砖、石材、马赛克等装饰材料
铺石护坡		1. 铺石护坡的建设要先整理岸坡，选用 180 ~ 250mm 边长的石块，最好是长宽比为 1 ： 2 的长方形石料，要求石料比重大、吸水性小
		2. 块石护坡还应有足够的透水性，以减少土壤从护坡上面流失，需要在石块下面设倒滤层垫底，并在护坡的坡脚处设置挡板
		3. 在水流流速不大的情况下，块石可设在砂层或砾石层上，否则应以碎石层作倒滤的垫层
		4. 如果单层石铺石厚度为 200 ~ 300mm 时，垫层可采用 150 ~ 250mm；如果水深在 2m 以上则可考虑下部护坡用双层铺石；如果上层厚 300mm，下层则厚 200 ~ 250mm，砾石或碎石层厚 100 ~ 200mm
		5. 在不冻土地区的浅水缓坡岸，如果风浪不大，只需作单层块石护坡，有时还可用条石或块石干砌，坡脚支撑亦可相对简化
草皮护坡		草皮护坡由低缓的草坡构成，坡岸土壤以轻亚黏土为佳，由于护坡低浅，能够很好地突出水体坦荡辽阔的特点
卵石、砾石以及贝壳护坡		卵石、砾石以及贝壳护坡是将大量的卵石、砾石与贝壳按一定级配与层次堆积于斜坡的岸边，既可适应池水涨落和冲刷，又带来了自然风采。有时将卵石或贝壳黏于混凝土上，组成形形色色的花纹图案，也能倍增观赏效果
土护坡		1. 为了防止泥土崩塌，土岸坡度不能太陡，所占面积自然较大，因而在小规模庭院中很少采用
		2. 如果庭院面积较大，处理得当，土岸也会收到很好的效果，土岸边芦苇丛生，有紫藤等植物舒展探伸于水面之上，既能保护土岸，又能增添山林景色，形成自然生动的观景效果

补充要点

破坏驳岸的主要因素

1. 水体浸透冬季冻胀力的影响。从常水位至水底被常年淹没的层段，其破坏因素是水体浸透。我国北方冬季天气较寒冷，因水渗入岸坡中，冻胀后便使岸坡断裂。水面的冰冻也在冻胀力作用下，对常水位以下的岸坡产生推挤力，把岸坡向上、向外推挤，而岸壁后土壤内产生的冻胀力又将岸壁向下、向里推挤，这样，便造成岸坡的倾斜或移位。
2. 地基下沉不稳定。由于水底地基荷载强度与岸顶荷载不相适应而造成均匀或不均匀沉陷，使驳岸出现纵向裂痕，甚至局部塌陷。在冰冻地带池水不深的情况下，可由于冻胀而引起地基变形，如果以木桩做桩基，则会因桩基腐烂而下沉。

二、栏杆结构

在建筑景观设计中，栏杆结构几乎贯穿了整个建筑景观空间，依据制作材料的不同，主要可分为水泥仿木栏杆、木栏杆、竹质栏杆、石栏杆、木塑栏杆、不锈钢栏杆及铸铁栏杆等（图5-11）。

1. 高度

一般低栏高度在200～300mm，中栏高度在800～900mm，高栏高度在1100～1300mm，栏杆柱的间距一般为500～2000mm。

2. 形式

栏杆可分为镂空和实体两类，镂空栏杆由立杆、扶手组成，部分镂空栏杆会加设横档或花饰；实体栏杆则由栏板、扶手构成，也有部分实体栏杆会局部镂空。此外，栏杆还可以做成座凳式或靠背式的，在进行栏杆的设计时，一定要充分考虑到安全、适用、美观、节省空间以及施工方便等因素。

三、桥梁结构

桥梁指架设在江、河、湖、海上以供车辆和行人等顺利通行的构筑物，一般由上部结构、下部结构、支座以及附属构造物组成，上部结构别名为桥跨结构，是跨越障碍的主要结构；下部结构则由桥台、桥墩和基础组成；支座为桥跨结构与桥墩或桥台的支承处所设置的传力装置；附属构造物则包括桥头搭板、锥形护坡、护岸以及导流工程等。

（a）木塑栏杆

（b）水泥仿木栏杆

（c）木栏杆

图5-11　栏杆的运用

（a）

（b）

图5-12　桥梁的运用

在建筑景观设计中，桥梁不仅需具备实用价值，同时也需要具备比较强的装饰性，要能与周边的环境相协调，要具备比较强的稳固性，以便能给予公众安全感，同时还能唤起公众对美的渴求，能够带来比较好的视觉效果以及提高整个建筑景观空间的审美价值（图5-12）。

1. 景观桥梁的特点

（1）具备功能美和形式美。景观桥梁设计所应用到的材料、色彩以及样式等，都符合形式美法则，都能很好地与周边景观环境和建筑相融合，不会给人突兀感。同时，景观桥梁也能具备良好的通行作用和观赏作用。

（2）与环境统一。景观桥梁依托于整个建筑景观空间，它的设计必定要遵循桥梁与环境相协调的规律，不论是在尺度上还是空间上都十分和谐。

（3）丰富的内涵。景观桥梁能够很好地体现自然景观、人文景观以及历史文化景观的内涵，同时它也具备很好的象征作用。

2. 设计要点

（1）重视环境因素。在建筑景观设计中，周边的环境作为景观桥梁的透视背景，可以很好地烘托出景观桥梁的特点，同时也能丰富结构主体的表现力，在设计景观桥梁时应当将其与桥梁环境有机地结合在一起，并将风景特征和桥型特征融合在一起。

（2）注重艺术性的体现。在设计景观桥梁时，要充分考虑桥梁布局、造型、用材以及装饰等方面对人的影响，设计要充分体现出时代性、艺术性以及科学性等。

第三节　景观小品

景观小品泛指建筑景观中常用的小型构筑物，也称为景观建筑小品。“小品”一词最初来源于佛经的略本，它起始于晋代，“释氏《辨空经》有详者焉，有略者焉。详者为大品，略者为小品。”明确指出了小品是由各元素简练构成的事物，具有短小精悍的特征。

一、景观小品分类

1. 装饰性景观小品

（1）雕塑小品。雕塑小品大致可分为预示性雕塑、故事性雕塑、寓言雕塑、历史性雕塑、动物雕塑、人物雕塑和抽象派雕塑等［图5-13（a）］。雕塑在景观环境中往往能用寓意的方式赋予建筑景观环境鲜明而生动的主题，同时还能提升空间的艺术品位和文化内涵，使建筑景观环境充满活力与情趣。

（2）水景小品。水景小品是以水的五种不同形态为内容的小品设施，这五种形态为静、流、涌、喷、落［图5-13（b）］。在规则式绿地中，水景小品常设置在建筑物的前方或景区的中心，它是主要轴线上的重要景观节点。在自然式绿地中，水景小品的设计常取自然形态，与周围景色相搭十分融洽，能体现出比较自然的景观效果。

（3）围合与阻拦小品。主要指建筑景观空间中隔景、框景及组景等小品设施［图5-13（c）］。包括花架、景墙、漏窗、花坛绿地的边缘装饰以及保护景观设施的栏杆等。这种小品多数为建筑物，能分隔和解构建筑景观空间，丰富建筑景观的空间构图，从而增加景深，对视觉也能起到一个很好的引导作用。

（a）雕塑小品

（b）水景小品

（c）围合与阻拦小品

图5-13 装饰性景观小品

2. 功能性景观小品

（1）展示设施。展示设施包括各种导游图牌、路标指示牌，动物园、植物园和文物古建、古树的说明牌、阅报栏及图片画廊等，它对游览者有宣传、引导及教育等作用［图5-14（a）］。

（2）卫生设施。卫生设施包括卫生间及果皮箱等，它是环境整洁度的保障，是营造良好的景观效果的基础。卫生设施创造了舒适的游览氛围，同时也体现了以人为本的设计理念［图5-14（b）］。卫生设施的设置要兼具功能性和舒适性，不能产生令人不快的气味，而且其形式与材质等要做到与周边环境相协调。

（3）灯光照明小品。灯光照明小品可以营造良好的夜景效果，主要包括路灯、庭院灯、灯笼、地灯、投射灯等，其各部分构造，包括园灯的基座、灯柱、灯头、灯具等都有很强的装饰作用［图5-14（c）］。

灯光照明小品不仅具有实用性的照明功能，能够突出其重点区域，同时灯具本身的观赏性也可以成为景观绿地中饰景的一部分，灯具造型的色彩、质感及外观等应与整个建筑景观空间的环境相协调。

（4）通信设施。通信设施多指公用电话亭。通信设施的安排除了要考虑游览者的方便性、适宜性外，还要考虑其视觉上的和谐与舒适［图5-14（d）］。

（5）休憩设施。休憩设施包括亭、廊、餐饮设施及座凳等［图5-14（e）］。休憩设施为游览者提供了休息与娱乐的功能，不仅有效提高了景观场所的使用率，同时也有助于提高游览者的兴致。休憩设施设计的风格应当与建筑景观的整体环境相统一，且应当能够满足不同服务对象的不同使用需求。

例如，座凳设计常结合环境，或用自然块石堆叠形成凳、桌；或利用花坛、花台边缘的矮墙边缘的空间来设置椅、凳等；或围绕大树基部设椅凳，既可休息，又能纳凉，其位置、大小、色彩、质地应与整体环境协调统一，形成独具特色的景观环境

（a）展示设施

（b）卫生设施

（c）灯光照明小品

（d）通信设施

（e）休憩设施

（f）音频设施

图5-14 功能性景观小品

要素。

（6）音频设施。音频设施通常运用于公园或风景区当中，起讲解、通知、播放音乐和营造特殊的景观氛围等作用［图5-14（f）］。音频设施精巧而隐蔽，多用仿石块或植物的造型安设于路边或植物群落当中，以能与周围的景观特征充分融合，让人闻其声而不见其踪，产生梦幻般的游园享受。

补充要点

景观小品的作用

1. 美化环境。景观设施与小品的艺术特性与审美效果，加强了景观环境的艺术氛围，创造了美的环境。
2. 标示区域。通过景观中的标示性的设施与小品能提高区域的识别性。
3. 实用功能。景观小品尤其是景观设施，主要目的就是给游览者提供在景观活动中所需要的生理、心理等各方面的服务，如休息、照明、观赏、导向、交通、健身等需求。
4. 环境品质。通过这些艺术品和设施的设计来表现景观主题，可以引起人们对环境和生态以及各种社会问题的关注，产生一定的社会文化意义，改良景观的生态环境，提高环境艺术品位和思想境界，提升整体环境品质。

二、景观小品设计原则

景观小品拥有丰富的类型，并且经常彼此相互组合，景观小品设计是集合建筑、人类以及周边环境和谐共生的景观设计。

1. 有机结合周边环境

景观小品的设计要将主观构思的“意”和客观存在的“境”相结合，它作为一种实用性与装饰性相结合的艺术品，不仅要具有很高的审美功能，更需与周边环境相协调（图5-15）。景观的周边环境包括有形环境和无形环境，有形环境指绿化、水体及建筑等人工环境，无形环境指人文环境，包括历史和社会因素。在设计与配置景观小品时，要整体考虑其所处的环境应与小品的空间尺度、形象、材料和色彩等因素相协调，保证景观小品与周围环境和建筑之间做到和谐、统一，避免在形式、风格、色彩上产生冲突和对立。

2. 文化与艺术有机结合

景观小品要在景观环境中起到美化环境的作用，审美功能是第一属性，景观小品通过本身的造型、质地、色彩、肌理向公众展示其形象特征，表达某种情感并满足公众的审美情趣，同时也应体现一定的文化内涵（图5-16）。景观小品的文化性主要体现在地方性和时代性当中，它的创造过程就是对这些文化内涵不断挖掘、提炼和升华的过程，反映了一个地区自然环境、社会生活、历史文化等方面的特点。

3. 满足公众的行为和心理需求

景观小品设计的目的是直接服务于人，设计必须“以人为本”，从人的行为、习惯出发，以合理的尺度、优美的造型、协调的色彩、恰当的比例、舒适的材料质感来满足公众的活动需求（图5-17）。要依据婴幼儿、青少年、成年人的行为心理特点，充分考虑到老人及残疾人对景观小品的特殊需要，落实在座椅尺度、专用人行道、坡道、盲文标识、专用公厕等细部小品的设计中，使建筑景观空间真正成为大众所喜爱的休闲场所。

图5-15　景观小品与周边环境相协调

图5-16　景观小品兼具文化性和艺术感

4. 具备功能性和技术性

景观小品绝大多数具有较强的实用意义，在设计中除满足装饰要求外，还应通过提高技术水平，逐步增加服务功能。在设计景观小品时必须明确功能性对于景观小品来说是基础性的要素，设计时应该首先考虑，像公园里的座椅或凉亭可为游览者提供休息、避雨、等候和交流的服务功能，而标识牌、垃圾箱等更是公众户外活动不可缺少的服务设施（图5-18）。

此外，技术是体现设计的保障，技术层面要求考虑景观小品广泛设置的经济性和可行性，要便于管理、清洁和维护，还要做到尊重自然发展过程，倡导能源和物质的循环利用及其自我维护。设计时还需注意防水、防锈蚀、防霉和便于维修等各种技术问题。

5. 合理使用原始材料和新材料

新材料的运用能够带来更具先进性和创新性的景观小品，优秀的景观小品不是对传统的简单模仿和生搬硬套，而是将传统的景观文化、地方特色与现代生活需要和美学价值很好地结合在一起，并在此基础上进行提高和创新。在设计景观小品时，需注意形式创新的同时也应当积极地进行材料和技术创新，当今景观小品的材料、色彩呈现多样化的趋势，石材、木材、竹藤、金属、铸铁、塑胶以及彩色混凝土等不同材料的广泛应用，给景观小品带来了一片崭新的天空（图5-19）。

图5-17 以人为本

图5-18 兼具技术性与功能性

图5-19 新材料的运用

补充要点

景观小品存在的问题

以技术革新为代表的文明演进改变了城市结构及其发展潜力，城市面貌也有了很大的改观，人们对生活空间品质的要求日益提高，建筑景观也越来越受到大众和专业人士的重视，但如今这些建筑景观空间通常都被过分规范化了，景观小品作为仅次于建筑景观空间的体现者，赋予了空间环境积极的内容和意义，它们应当重新成为一个共享和接纳的场所，拾回这两个被遗失的重要特质，并为实现共同生活的愿望而接受挑战。

三、景观小品设计要素

景观小品的构成要素是实质性的物质元素，主要包括造型、色彩、材料、空间和创新等元素。

1. 造型

造型即景观小品的外在形态，是最直观的元素，包括点、线、面、体。这些形态造型要素既是小品造型语言中语汇和形态构成的基础，又是形象思维和新形态造型的依据。

（1）点形态。点可以表明或强调位置，形成视觉焦点。通过改变点的颜色，点排列的方向和形式、大小及数量变化等来产生不同的心理效应，形成不同的表现效果，并给人以不同的感受［图5-20（a）］。在景观空间物体的形态构成中，点表现为一个范围的中心、一条线的两端、两条线的交点及面或体角上线条的相交处。

（2）线形态。线可分为直线与曲线，详细划分又可分为水平线、垂直线、斜线、折线、几何曲线及自由曲线等［图5-20（b）］。人的视觉系统会将线条的形式感与事物的性能结合起来而产生各种联想，例如水平线能给人一种稳定、平静、呆板的感觉；垂直线能给人一种有生命力、有力度、有伸展性的感觉；斜线能给人一种运动感和方向感；折线的方向变化丰富，则能给予公众一种空间感和紧张感；几何曲线的弹力、紧张度强，能很好地体现规则美；自由曲线则能赋予景观小品自由、潇洒、休闲、随意和优美的意境。

景观小品可通过线的长短、粗细、形状、方向、疏密、肌理以及线型组合的不同来塑造线的形象，表现景观小品的不同个性，反映不同的心理效应。

（3）面形态。面的形式有平面与曲面两种。平面在环境中具有延展平和的特性，曲面表现出流动、热情、不安和自由感。景观小品通过运用各种面的形态分类的个性特征，并通过形与形的组合，表现出多样的情感与寓意。例如，低垂的面会产生压抑感，高耸向上的面可以形成崇高的气氛，倾斜的面会产生不安的感觉，强调形状和面积，群化的面则能够产生层次感［图5-20（c）］。

（4）体形态。伴随着景观小品角度的不同变化能表现出不同的形态，这种形态能给人以不同的视觉感受。体能彰显景观小品的重量感和力度感。此外，体还常与点、线、面组合构成形体空间，例如以细线为主，加小部分的面表现，可以表达较轻巧活泼的形式效果，以面为主，与粗线结合，可以表达浑厚、稳重的造型效应［图5-20（d）］。

2. 色彩

色彩能唤起公众的情绪甚至情感。色彩是物体对光不同反射并作用于人眼的结果，在公众直观感受中是最有情感表现的因素，同时也是一切视觉元素中最活跃、最具冲击力的因素，是景观小品设计的重要因素之一（图5-21）。

色彩可以很明显地展现景观小品的造型和个性，色彩鲜明的个性有冷暖、浓淡之分，对颜色的联想及其象征作用可给予公众不同的感受，例如，暖色调热烈，能让人兴奋；冷色调优雅、明快，明朗的色调能使人轻松愉快，灰暗的色调则更为沉稳宁静。

3. 材料

材质是材料质感和肌理的传递表现，人对于材质的知觉心理过程是较为直接的。不同的质感、肌理能赋予公众不同的心理感受。例如，砖、木、竹等材料可以表达自然、古朴、人情味的设计意向；玻璃、钢、铝板可以表达景观小品的高科技感；裸露的混凝土表面和没有任何修饰的钢结构则颇具感染力，能给人一种粗犷、质朴的感受，一定要明确设计必须要能通过不同材质的搭配使用，来达到丰富景观小品的艺术表现力的目的（图5-22）。

（a）点

（b）线

（c）面

（d）体

图5-20　造型的运用

图5-21　色彩的运用

图5-22　材料的运用

4. 空间

空间是物质存在的一种客观形式，是由长度、宽度、高度表现出来的，景观小品作为整个建筑景观空间构成的一部分，一方面它能与建筑景观空间产生相互影响，构成空间、比例和体量的关系；另一方面它本身作为一个实体，也具有相对独立的空间构成形式（图5-23）。

5. 创新

创新要建立在相应的素质与技能的基础之上，设计师在设计景观小品时要有对美的感悟与洞察力，要具备良好的资料收集与分析能力、徒手草图技能以及模型制作技能等（图5-24）。不同的景观小品艺术文化题材能给予公众不同的心理感受，一般景观小品所运用到的文化主题主要有以下几种：

（1）传统文学。此类文艺性小品可将文学、艺术、书法、诗词等经典以景观小品的形式表现。

（2）传统艺术。具有民族特色，蕴涵着中华民族最基本的、最深刻的文化内涵。

（3）古代寓言故事。通过利用历史上有特殊意义的事件充分调动公众的情绪，让公众有历史参与感，这种景观小品具有较高的文学性、艺术性和思想性，能使公众在欣赏小品艺术的同时受到教育。

（4）宗教和神话传说。这类文化主题能够赋予景观小品更多的阳刚之美，能很好地传达神话和宗教的精神，能实现公众对精神领域的崇拜和归宿感。

（5）中国文化符号。指将文化的创造过程记录下来的特殊形式，如篆刻、书法、京剧、花脸、旗袍、太极、龙及瓷器等。

（6）中国的文字。通过图形化、符号化的表现特质，更加丰富了其表现形式，甲骨文、篆、隶、楷等各书体不同的表现也为当代景观小品提供了丰富的视觉元素。

（7）特定环境。特定环境主要让人们感受独特的情调和特定的环境氛围，有可爱的、休闲的和欢快的等。

四、绿化小品

绿化小品是景观小品中最具生命力的一种元素，它不仅能给予公众视觉上美的享受，更能够改善城市环境，发挥良好的生态功能。

1. 绿篱

绿篱又称植篱、生篱，在建筑景观设计中较为常用，它是在建筑景观环境中利用小乔木或灌木成行密植，并修剪整齐的篱垣，可充当篱笆或围栏，

图5-23 空间的运用

图5-24 创新性

（a）矮篱

（b）中篱

（c）高篱

图5-25　绿篱分类

主要用于分隔空间、屏障视线或起防护作用，也可将其设计成专门的景点。

（1）分类。依据植物材料的高度不同，通常可将绿篱分为矮篱、中篱和高篱三种类型（图5-25），由于绿篱高度不同，其景观功能也有所不同，在植物材料的选择上也有所区别，当绿篱的高度达到1800mm以上时，就会形成绿墙，其可以代替实体墙体而存在，用于划分和围合空间。

矮篱常用材料有木本和草本多种，如月季、黄杨、六月雪、千头柏、万年青、彩叶草、紫叶小檗、杜鹃和一串红等，这类材料植株矮小，通常具有较强的观赏价值，可形成边界、构成图案。

中篱常用材料有栀子、含笑、火棘、海桐、木槿、变叶木、红桑、金叶女贞、小叶女贞和山茶等，这类材料枝叶繁茂，观赏效果好，可有效分隔空间、组织人流、美化景观。

高篱常用的材料有桧柏、大叶女贞、冬青、锦鸡儿、榆树、紫穗槐和珊瑚树等，这类材料植株较高，群体结构紧密，质感强，可有效遮挡视线、防尘、防噪声、分隔空间和形成背景。

（2）绿篱的造景方式。

1）独立成景。可通过对绿篱的整形修剪，构成一定的图案花纹，以突出整体之美，从而形成构图中心和独立的景观。

2）作为背景植物。绿篱可用作花坛、花镜、雕塑、喷泉及其他景观小品的背景，但要求绿篱修剪至一定的高度，并多选择常绿、深色调的植物。

3）突出水池、场地或建筑等的外轮廓线。绿篱能有效分隔和形成空间，在建筑景观设计中，常利用绿篱沿线配置，以此来强化场地的领域性，烘托水池的轮廓或强调、衬托建筑及花坛等的边界。

4）形成障景或透景。透过绿篱，尤其是高绿篱的遮挡作用，可使景观环境中一些不美观的物体或因素得以屏障，可在不雅物之前，栽植较高的绿墙，并强调绿墙的美观，使绿墙本身构成美丽的景观；透景一般多依靠高大乔木形成的冠下空间，形成一条透景线，以此实现景观之间的相互渗透。

2. 绿雕

绿雕即绿色雕塑，是以植物为原材料，通过摘心、修剪、缠绕、牵引以及编制等整枝技术或特殊的栽种方式，实现雕塑造型和花卉园艺的完美结合而创造的雕塑艺术作品。绿雕利用植物材料的立体造型，能够表达一定的主体内涵，并能形成一个具有生命力、充满生机和色彩的赏心悦目的植物雕塑。由于制作绿雕的材料不同，有时也会被称为树雕或花雕（图5-26）。

（1）植物选用原则。

1）由于枝叶粗大的材料不易形成精美纹样，在小面积造景中尤其不适合使用，因此多选用枝叶细小、植株紧密，耐修剪的观叶观花植物。

2）所选用的植物要求以生长缓慢的多年生植物为主，如半柱花和矮麦冬等，此外还可选择植株低矮、花小而密的花卉作图案的点缀，如四季海棠、孔雀草等。

3）所选用的植物还要求植株的叶形细腻，色彩

(a)

(b)

图5-26 绿雕

(a)

(b)

图5-27 花坛

丰富，富有表现力，如暗紫色的小叶红草、玫红色的玫红草、银灰色的芙蓉菊、黄色的金叶景天等。

4）所选用的植物要求植株适应性强，由于绿雕改变了植物原有的生长环境，要在短时间内达到最佳的观赏效果，就必须要求植物材料容易繁殖，病虫害少，如朝雾草、红绿草等。

（2）绿雕设计要点。绿雕设计不同于一般的平面绿化，设计既要直观的表达主题、寓意深刻，同时又要体现出植物雕塑的文化内涵和独特创意。除了视觉美观、主题等方面的要求之外，设计还应考虑绿雕的固定方式和植物材料的覆盖与应用。

1）植物骨架制作。在设计过程中还必须注意植物骨架的制作，应当按照设计图的形象和规格来做出相应的骨架，一般需要在构架上填充培养土，并完成培养土的固定，多用蒲包或麻袋、棕皮、无纺布、遮阳网、钢丝网等将培养土包附固定在底膜上，然后用细铅线按一定间隔编成方格将其固定。

2）骨架植物栽植。方式有两种：一种是插入式栽植，即栽时将蒲包戳一个小洞，然后将小苗插入，注意苗根舒展，用土填压严实；另一种是绑扎式栽植，即将已孕蕾的花苗脱盆，去掉多余的盆土后用棕片或无纺布将根包好，放入骨架绑扎牢固。

3. 花坛

花坛是在一定范围的畦地上按照整形式或半整形式的图案栽植观赏植物以表现花卉群体美的景观设施，主要是在具有几何形轮廓的植床内，种植各种不同色彩的花卉，运用花卉的群体效果来表现图案纹样的花卉运用形式，这种形式可以营造一个良好的装饰效果（图5-27）。

（1）花坛的分类。以花坛表现主题内容的不同可将花坛分为花丛花坛、模纹花坛、标题花坛、立体花坛和混合花坛。花丛花坛主要是以中央高、边缘低的花丛组成色块图案，以此来表现花卉的色彩美；模纹花坛主要表现精致复杂的图案纹样，植物本身的个体或群体美居于次位；标题花坛则是用观花或观叶植物组成具有明确主题思想的图案；立体花坛多以枝叶细密、耐修剪的植物为主，种植于有一定结构的造型骨架上，从而形成的造型立体装饰；混合花坛一般由两种或两种以上类型的花坛组合而成。

（2）摆放要素。

1）花坛中的内侧植物要略高于外侧，由内而外，自然、平滑过渡。若高度相差较大，可以采用垫板或垫盆的办法来弥补，使整个花坛表面线条流畅。

2）用于摆放花坛的花卉一般不拘品种、颜色的限制，但同一花坛中的花卉颜色应对比鲜明，互相映衬，在对比中展示各自夺目的色彩。

3）同一花坛中，避免采用同一色调中不同颜色的花卉，若一定要用，应当注意间隔配置，选好过渡花色。

4）花坛摆放的图案，一定要采用大色块构图，在粗线条、大色块中突现各品种的魅力。此外，在花坛摆放中还可采用绿色的低矮植物作为衬底，摆放在不同品种、不同色块之间，营造出花坛景观的立体感。

补充要点

花坛的空间形式

平面花坛的表面与地面平行，主要观赏花坛的平面效果，包括沉床花坛或稍高出地面的平面花坛。高设花坛由于功能或景观的需要，常将花坛的种植床抬高，也称花台；斜面花坛表面为斜面，与前两种花坛形式相同，均以表现平面的图案和纹样为主，设置在斜坡、阶梯上。

4. 花台

花台可分为规则式和自然式两种，规则式花台常用于整齐的道路一侧、广场、墙垣等规整的空间中；自然式花台则平面形状各异，多由山石、木材、混凝土等材料砌筑而成。花台的花材选择与花坛相似，由于面积较小，一个花台内通常依据功能和景观需求只选用一种植物（图5-28）。

图5-28　花台

5. 花钵景观

花钵景观是使用花钵种植花卉，常用花钵形式有砂岩花钵、紫砂盆、瓷盆、釉陶盆和水盆等，选择花钵时要注意大小和高矮。在设置花钵时需注意花钵盆口直径要大体与植株冠径相衬，带有泥团的植株，放入花钵后，花钵四周应留有20～40mm的空隙，以便加入新土；不带泥团的植株，根系放入花钵后，要能够伸展开来，不宜弯曲，如果主根或须根太长，可作适当修剪，再种到钵内（图5-29）。

6. 花境

花境，又称花径、花缘，是绿化小品中最具自

图5-29 花钵景观

图5-30 花境

然特征的一类，它模拟自然界中林地边缘多种野生花卉交错生长的状态，从而造就了自然野趣，山花烂漫的景观效果，多栽植在道路两旁、草地边缘、树丛前侧、绿篱边缘、建筑物或墙垣基部，呈长条形带状分布（图5-30）。

（1）花境分类。具体可分为单面观赏花境、双面观赏花境和对应式花境。单面观赏花境仅供一面观赏，常以建筑物、矮墙、树丛、绿篱等为背景，植物配置上前低后高；双面观赏花境不需要背景的衬托，多设置于草坪上、道路边缘、树林之下，设计主要强调花境两面均可观赏；对应式花境则指布置在园路两侧、建筑物两边或草坪开阔地的双面观赏花境，这种花境具有强烈的对称性。

（2）花境设计要点。一是要注重平面设计，花境不仅要体现植物本身的自然美，还应使花境的平面设计构图美观；二是要注重花材的选择，所选择的花材要具备观赏性，如美人蕉、郁金香、萱草、月季、鸢尾、石竹、玉簪、鼠尾草、大花飞燕草以及荷兰菊等花卉；三是要注重立面设计，花境要讲究良好的立面效果，要能充分展现植物的自然美和群体美，要求在选择植物材料时应认真考虑植株的高度，使花境内植株高低错落，层次分明，同时还应该考虑植株的株型、花序、质感等观赏因素，以便创造出丰富美观的立面效果。

7. 花池

花池通常由砖石、混凝土、木头等围护而成，高度一般低于500mm，主要有草坪花池、花卉花池以及综合花池等。

第四节 水景与照明

水景与照明赋予了建筑景观空间更多的活力和美感，在设计水景和照明时要充分考虑人的需求以及周边环境与水景的搭配性。

一、水景

水是重要的造景元素，在建筑景观空间中能够达到画龙点睛的作用，同时也能有效提升整个空间环境的品质和观赏价值。水景的塑造有赖于水景设施的设计，而水景设施作为一种实用、装饰的艺术品，它本身具有很高的审美价值，同时也可以形成空间环境的焦点，在突出主景、营造空间氛围、提高空间灵性方面起着重要作用。

1. 水体

在建筑景观设计中，水体是组成水景的重要元素之一，水景所能运用到的水体主要有湖、水池、溪涧、瀑布、跌水以及喷泉等，其中水池依据设计形态的不同可分为自然式水池和规则式水池，依据设计用途的不同可分为生态水池和景观水池；瀑布可分为天然瀑布和人工瀑布；喷泉依据形态的不同则可细分为壁泉、涌泉、跳泉、雾化喷泉、雕塑喷泉、组合喷泉以及旱喷泉等。

2. 不同水体的具体设计

不同水体的具体设计要点见表5-3。

表5-3　不同水体的具体设计要点

水体	图示	设计要点
湖		1. 湖的设计要依据造景需要，充分利用湖的水景特色；湖岸处理则要讲究“线”形艺术，湖面忌“一览无余”，应采取多种手法组织湖面空间
		2. 可通过岛、堤、桥、舫等形成阴阳虚实、湖岛相间的空间分隔，使湖面更具层次感
		3. 开挖人工湖要视地域情况巧作布置，一般建议选择土质细密、土层厚实的区域来作为湖的基址
水池		1. 人工水池通常是建筑景观空间构图的中心，一般可用作广场中心、道路尽端以及和亭、廊、花架、花坛组合形成独特的景观
		2. 水池布置要因地制宜，应当充分考虑景观设计现状，大水面宜用自然式或混合式；小水面则适合规则式
		3. 设计应注意池岸设计，要做到开合有效、聚散得体；此外，还可在池内养鱼或种植花草，一般应依据植物生长特性配置
溪涧		1. 景观中溪涧的设计讲究师法自然，平面上要求蜿蜒曲折，对比强烈，立面上要求有缓有陡，空间分隔开合有序，整个带状游览空间层次分明、组合合理、富于节奏感
		2. 布置溪涧，多是在瀑布或涌泉下游形成的，溪岸高低错落，充分利用水姿、水色和水声
		3. 通过溪水中散点山石能创造水的流态，还可设计沼泽植物过渡区，或养红鲤以供观赏
		4. 坡度设计应当依据地理条件及排水要求而定，一般普通溪流坡度宜为 0.5%，急流处为 3% 左右，缓流处不超过 1%
		5. 溪流宽度宜为 1 ~ 3m，溪流水深一般为 0.3 ~ 1m，分为可涉入式和不可涉入式，可涉入式水深应小于 0.3m，以防止儿童溺水，同时水底应做防滑处理，不可涉入式水深超过 0.4m 时应在溪流边做好石栏、木栏及矮墙等防护措施
瀑布		1. 瀑布设计必须有足够的水源作为保证，设计必须要与环境相协调，瀑身设计要注意水态景观
		2. 不宜将瀑布落水作等高、等距或一直线排列，要使流水曲折、分层分段流下，各级落水有高有低
		3. 石头接缝要隐蔽，不露痕迹，瀑布堰口处理是瀑布造型的关键，为保证瀑布效果，要求堰口水平光滑
		4. 可在堰唇采用青铜或不锈钢，也可增加堰顶蓄水池水深；可通过在出水管口处加挡水板，降低流速等方法来保证较好的出水效果
跌水		1. 跌水设计首先应分析地形条件，重点着眼于地势高差变化
		2. 确定跌水的形式，水量大，落差单一，可选择单级跌水；水量小，地形具有台阶状落差，可选多级式跌水
		3. 跌水设计要将泉、溪涧、水池等其他水景结合起来考虑

续表

水体	图示	设计要点
喷泉		1. 喷泉应设计在人流集中的地方，可依据需要设置一些装饰性较强的小型喷泉以营造气氛 2. 喷泉设计主题和形式应与环境相协调，主题式喷泉要求环境能提供足够的喷水空间和联想空间，能让人通过喷泉的艺术联想，感到精神振奋、心情舒畅 3. 装饰性喷泉要有一定的背景空间才能起到装饰效果，节日用的临时性喷泉则要用艳丽的花卉或醒目的装饰物为背景，以便能使公众感受到节日的欢乐气氛

二、照明

照明同样是建筑景观空间中不可或缺的一部分，它能给予建筑景观空间更多的色彩感和设计美感。

1. 景观照明灯具

常用的景观照明灯具主要有景观灯、草坪灯、地埋灯、水下灯、庭院灯和投光灯等（表5-4）。

表5-4　景观照明灯具

照明灯具	图示	特征
LED 灯具		LED 灯具可以壁灯、灯带及发光地砖等形式应用于建筑景观夜景照明中
景观灯		景观灯可用于广场及人流集散处，安装高度不低于 1m，形式具有主题性，在白天具有艺术装饰作用
草坪灯		草坪灯一般高度在 0.3 ~ 0.4m，多安装于草地边或路边，用于地面亮化
地埋灯		地埋灯埋在地面下，光源从下往上照射，一般用于植物点缀照明，某些地埋灯安装在道路上，灯具表面要求有一定的压力荷载
水下灯		水下灯为密封绝缘灯具，放置在水面以下，对水景进行亮化照明

续表

照明灯具	图示	特征
庭院灯		庭院灯高度一般在2～3m，比较接近人的视点高度，可用于园路、广场及绿地照明，除具有功能照明的作用外，还具有一定的景观装饰作用
投光灯		投光灯，低于人的视点，通常作为隐藏性照明灯具，在夜景的细节处理上具有较强的视觉美感，是景观照明的一种重要素材

2. 景观照明分类

景观性照明主要为烘托夜景气氛，这些对象的照明强调灯光的创意性，灯具小品既有展示也有隐藏，能在夜景中带来丰富的视觉效果。

（1）园路照明。依据园路功能一般会选用庭院灯、草坪灯及地埋灯等，所有灯具的造型应依据具体环境气氛单独设计（图5-31）。

1）下照光。下照光可营造一种宁静的氛围，灯具安装在灯杆上，出光口的位置一般高于人体高度，地面可以获得有效的均匀照明。此外，还可以选用草坪灯一类的低位照明，出光口的位置低于人的高度，光照范围减少很多，明暗分界线很清晰，且在空间中能形成一定的光照韵律。

2）集中区域照明。为了强调空间的功能性，特别将局部一个步行区采用不同照明方式集中照亮，如广场或某个步行节点，这种光照方式主要是光照面积较大，照度水平较高，适用于人流相对集中的区域。

3）路边树木的照明。路边树木的照明能在整个步行空间里创造出极为戏剧化的光照环境，可以丰富街道的垂直界面，并增加路面和空间的光照，但要注意整夜的光照对树木的生长是有害的。

4）漫射光照明。漫射光照明可向空中各个方向发射光线，可在步行空间形成欢愉的气氛，但要注意使用时要将灯具的表面亮度保持在一定范围内，否则容易造成不舒适眩光。

（2）建筑物照明。建筑物一般情况下都会作为夜景中的照明主体，建筑物的夜景照明与其他元素照明有很大不同，它是在原有建筑的基础上通过照明的明亮度变化、色彩变化等来展示建筑物的特点的（图5-32）。

1）泛光照明。泛光照明是建筑物夜景照明中比较普遍的一种照明方式，它不仅能显现建筑物的整体全貌、立体感和建筑造型，同时也能将建筑的

（a）下照光

（b）集中区域照明

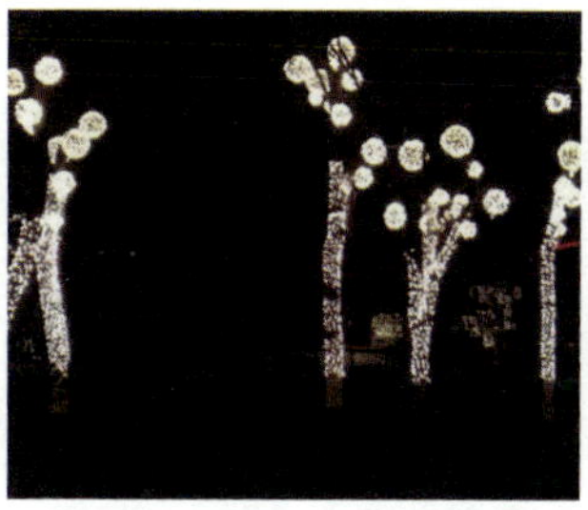
（c）路边数木的照明

（d）漫射光照明

图5-31 园路照明

（a）泛光照明

（b）内透光照明

（c）轮廓照明

图5-32　建筑物照明

某些细节表现出来，依据建筑的特点，投光灯安装的位置和距离也应当有所不同。

2）内透光照明。内透光照明是利用室内光线向外透射形成夜景照明的方式。建筑物照明通过长廊上的窗进行照明表现，例如，古建筑中的雕花门扇、花窗、斗拱及柱廊等。

3）轮廓照明。轮廓照明主要表现建筑物的轮廓和线条，多选用串灯、LED软管灯、霓虹灯及通体发光光纤等线性灯饰直接勾画建筑轮廓。

（3）绿化照明（图5-33）。

1）乔木照明。乔木在强调单棵树照明时，要考虑乔木树种的树形；而在植物群落中进行乔木整体照明时，则需要考虑整个植物群落的大面积投光照明。

2）花境灌木照明。低矮且枝叶茂密的灌木，由于公众的观看方向是自上而下的，因此通常选用低矮的草坪灯来照明，可使其在暗背景下显示形貌。在树上安装月光效果照明灯特别适合于球根花卉缀花草坪和草本花境，而照明花丛的光源，一般要选用显色性好的光源，这样可使植物看起来朝气蓬勃。

3）草坪、花坛照明。草地照明设计应简洁、明快，以便能更好地衬托主要植物景观，光源要求低照度，显色性要求不严。花坛一般设置在草坪中间或铺装在建筑旁边，具有分割空间和活跃空间气氛的作用，花坛的照明方式主要有由下而上投光照

（a）乔木照明　（b）花境灌木照明　（c）草坪、花坛照明

图5-33 绿化照明

图5-34 水体照明

图5-35 座椅照明

图5-36 景墙照明

明和由上而下投光照明两种。

（4）水体照明（图5-34）。水景是建筑景观中富有灵动和生气的构成元素，水体依据照明的目的可分为以观赏为目的、以亲水活动为目的、以安全提示为目的的三种照明。以安全提示为目的的照明，灯具一般安装在水体上方，包括庭院灯照明、高杆投光灯照明；以亲水活动为目的的照明包括艺术照明和功能照明的内容，亲水性活动包括旱喷泉以及河岸浅水区人们的亲水活动，可采用水下投光灯照亮水体本身。

（5）设施与照明相结合（图5-35、图5-36）。设施与照明相结合包含两方面内容，即实用功能照明和装饰照明，其中实用功能照明是强调直接为人们服务的，一般需依据设施的造型、大小、色彩以及质地的不同，在布置灯具时应更偏重于功能性；装饰照明是强调设施在环境中的视觉中心作用，具有比较强的艺术表现性。

1）座椅照明。座椅在建筑景观中是必不可少的功能性设施，座椅的照明应满足夜间使用安全功能，同时也可作为夜景中的点缀和补充。

2）造型景观灯。依据建筑景观的特点，结合现代照明技术，将灯具外形艺术化，在白天能够具备景观装饰作用，在夜晚则能够满足一定照度的功能作用。

3）挡车桩照明。挡车桩照明系统设置在景区的某区域入口处，景区中的挡车桩一般由整块石材或混凝土、钢材制成，具有和景区主题相一致的造型风格，一般可内设光源，在夜间起视觉提示作用，还有良好的装饰作用。

4）景墙照明。景墙是一种独特的建筑景观造型，景墙照明即是将建筑景观空间中的墙体作为灯光艺术表现的载体，一般多采用由下而上的投光照明手法，灯具明装或埋于景墙的正前方。

5）标识系统照明。标识的夜间照明具有很强的功能性，同时艺术化的照明处理会起到点缀、装饰周围环境的作用。根据标识的形式、结构将标识牌分为内透光灯箱式照明和泛光投光照明两种形式。

第五节　案例分析：景观小品方案设计（扫码下载案例）

案例二维码

设计师在进行方案设计时应从景观小品各要素细部分析入手，获得设计灵感，并形成设计意向，以便进一步表达整体设计理念及主题。

本章小结

材料、结构细节、景观小品以及水景与照明等，这些元素构成了丰富多彩的建筑景观空间，在增强建筑景观空间层次感的同时也增强了设计感。设计师在运用这些元素时一定要再三思索，确认其不会与周边环境相冲突，确认其无论是色彩、尺度还是质感等都能有机融合，这样才能设计出更具艺术魅力和科学魅力的建筑景观空间。

课后练习

1. 简述常见建筑景观材料的种类。
2. 分点阐述建筑景观材料选用的原则。
3. 挡土墙、景墙各有何特点？
4. 驳岸、护坡如何分类？有何特点？
5. 景观小品设计有何原则？
6. 景观小品设计应包含哪些要素？
7. 何为绿化小品？具体有哪些特点？
8. 如何设计水景？
9. 照明灯具有哪些？如何合理地分区域照明？

第六章

建筑景观设计表达

高清彩图
（扫码下载）

PPT 课件
（扫码下载）

» 学习难度：★★★☆☆

» 重点概念：CAD 图纸、手绘图纸表达、效果图赏析

» 章节导读：一个优秀的建筑景观设计完成后需要通过一系列的图纸将其呈现在公众面前，这包括前期图纸草图绘制阶段、后期深化阶段以及完成阶段等，在绘制图纸时必须要考虑到色彩、材质运用、比例以及空间等要素的搭配问题，并能通过分析设计图纸，进一步完善设计方案，这也是建筑景观设计表达必须要做的一项工程。

第一节 CAD图纸表达

CAD图纸能够清楚的表达在建筑景观设计中所涉及的所有结构和构造细节，主要图纸包括平面图、立面图以及构造详图等，图纸比例适当，可以将建筑景观设计的结构尺寸清楚地展现在公众面前，下面将以部分景观构造为例讲解CAD图纸表达的相关内容。

一、公园座椅

公园座椅依据制作材料和样式的不同，分类较多，如圆形纯木材座椅、仿木材长椅、金属单人座椅及靠背式石材座椅等，公园座椅要充分结合人机工程学设计，要能给予公众最大的舒适度，无论是材质的表现还是色彩的应用上都应给予公众舒适感，椅背和椅座之间的角度要控制在舒适范围内。

在设计时要注重加强公园座椅的灵活性，CAD设计图纸中要表现出制作公园座椅所用的材料，包括材料尺寸和类型等，公园座椅的设计样式以及细节部位等也都应具体的表现在CAD图纸中（图6-1、图6-2）。

公园座椅的尺寸设计一般要参考座椅所服务的人群个数、座椅摆放位置以及使用场合等，一般公园内常见的钢木结合的靠背座椅的座高多为380mm，宽为430mm，靠背座高为480mm。

二、廊亭

廊亭在建筑景观空间中主要提供游走和休憩的功能，一般廊可分为游廊、回廊、直廊、曲廊、水廊、花廊以及爬山廊等，亭则依据功能、平面以及制作材料的不同而有不同分类，如站亭、木亭、多功能复合式亭以及仿生形亭等，廊亭是二者的结合（图6-3、图6-4）。

廊亭的设置是为了增添建筑景观空间的趣味感，同时也是为了丰富建筑景观设计的内容，在设计时首先应当依据总规划图纸为廊亭选择合适的施工地点，然后依据廊亭所处的环境以及周边的建筑确定好廊亭的设计尺寸、设计造型以及设计风格等，注意制作廊亭所选用的材料要与周边建筑相配。

补充要点

亭的分类

亭的分类见表6-1。

表6-1 亭的分类

分类依据	类型	特点	类型	特点
功能	现代亭	提供遮阳、遮雨、休憩、观赏及游览等功能	站亭、路亭	用以人群组织和集散
	碑亭	用以纪念文物古迹	廊亭、桥亭	提供骑水功能
平面	有正多边形、长方形、仿生形以及多功能复合式之分，装饰功能较强			
材料	木亭	有木构架琉璃瓦顶和木构架黛瓦顶之分	石亭	气质庄重
	砖亭	有庄重、肃穆之感	茅亭	天然感十足，装饰简单
	竹亭	气质清雅，但不易保存	钢结构亭	现代化，结构稳定，样式多变

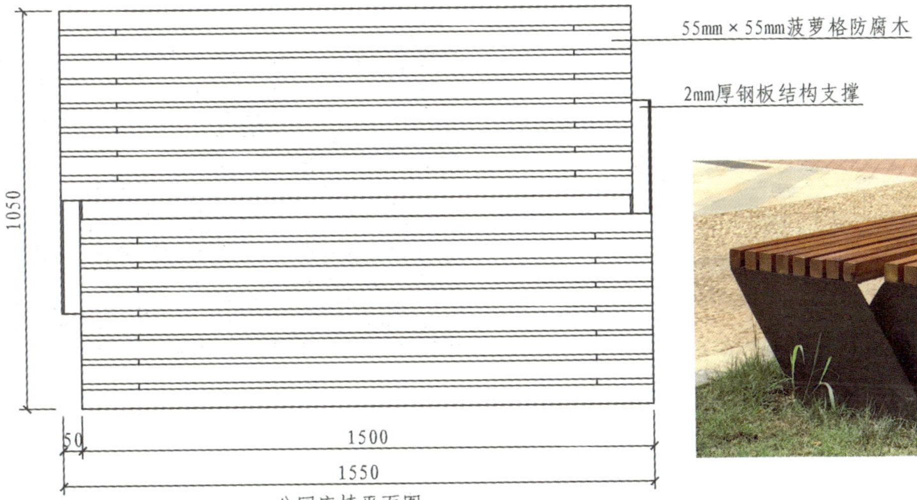

公园座椅平面图 1:20

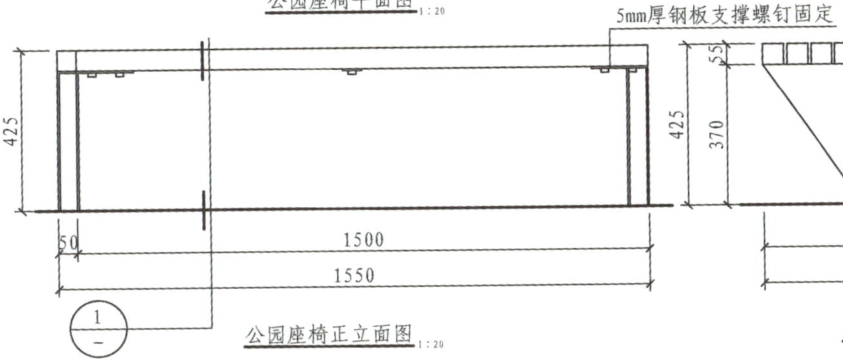

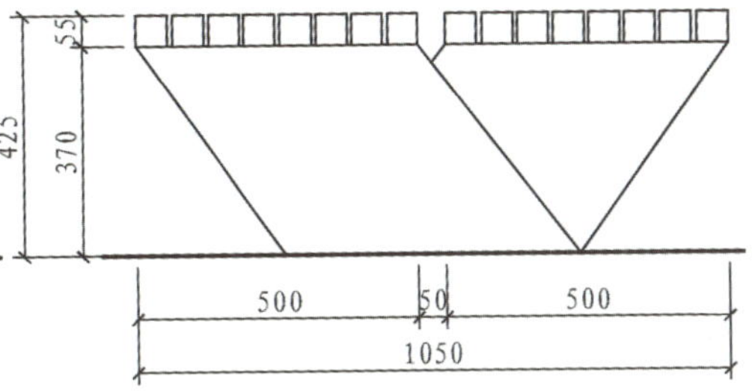

公园座椅正立面图 1:20

公园座椅侧立面图 1:20

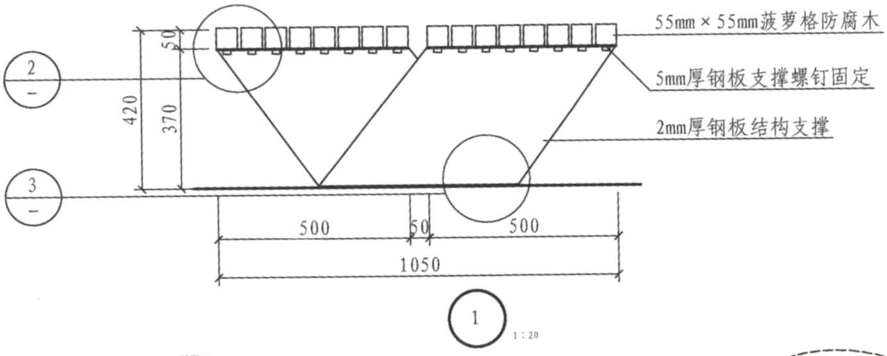

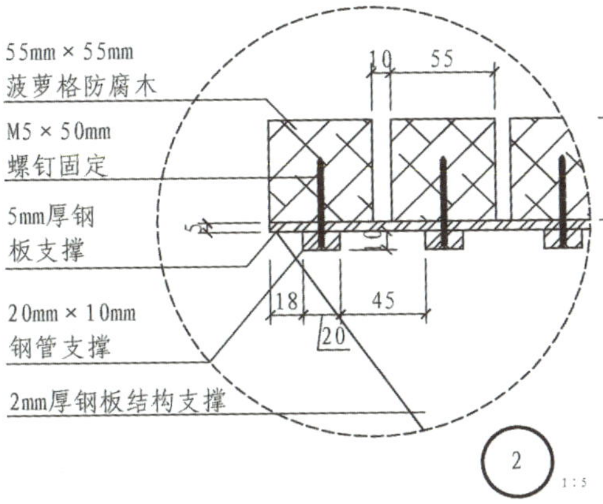

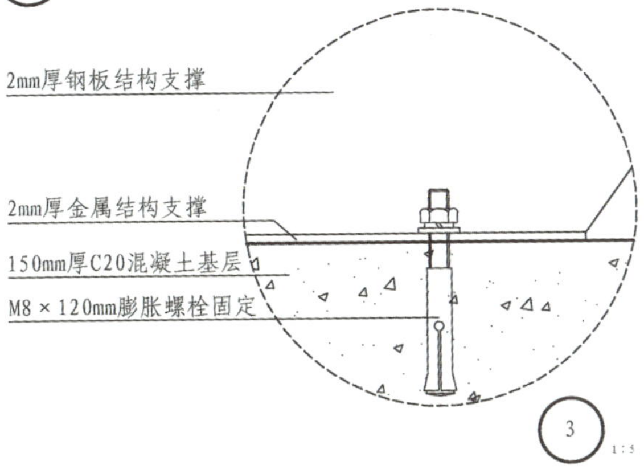

图6–1　公园座椅CAD设计图纸（一）

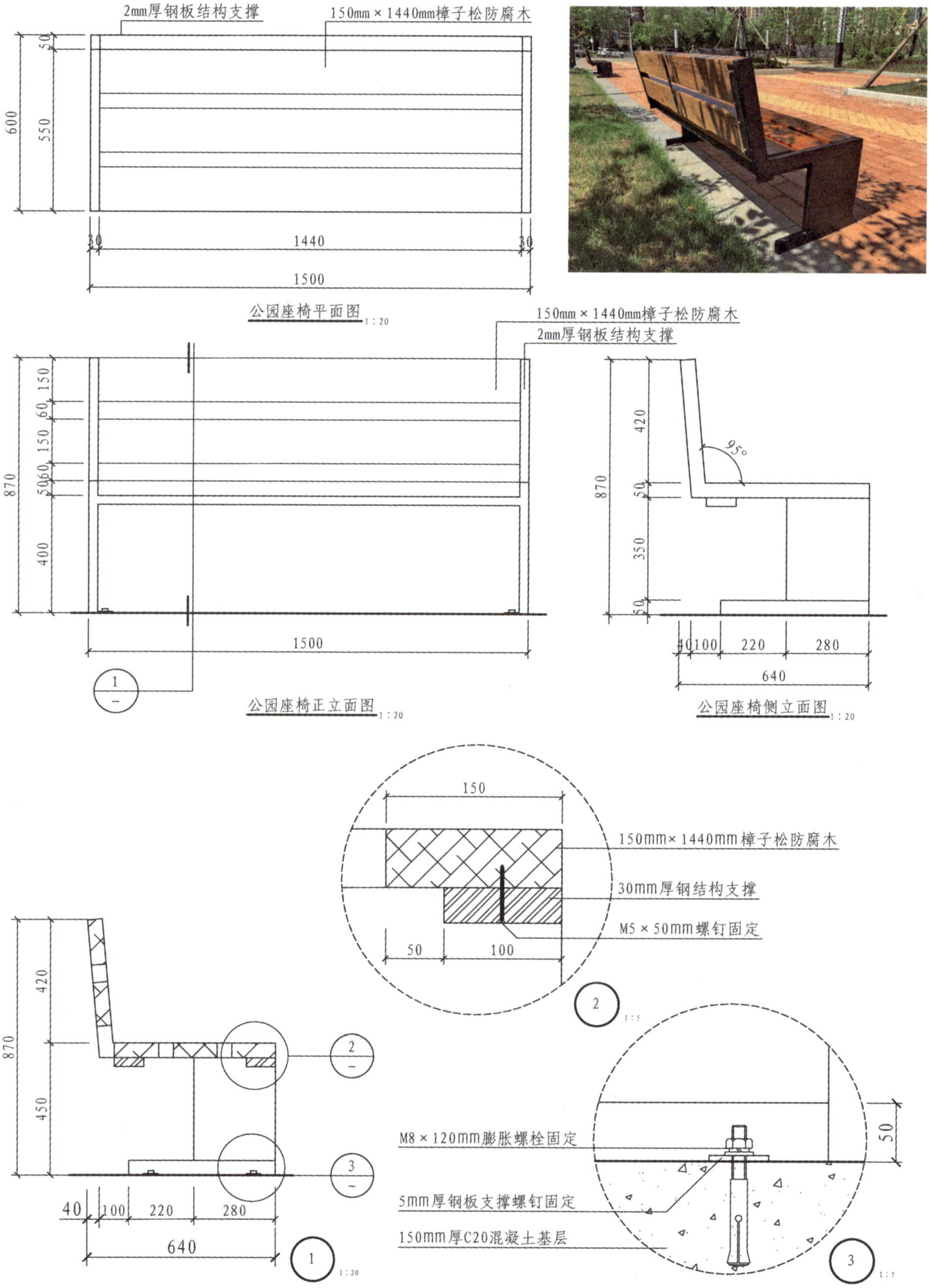

图6-2 公园座椅CAD设计图纸（二）

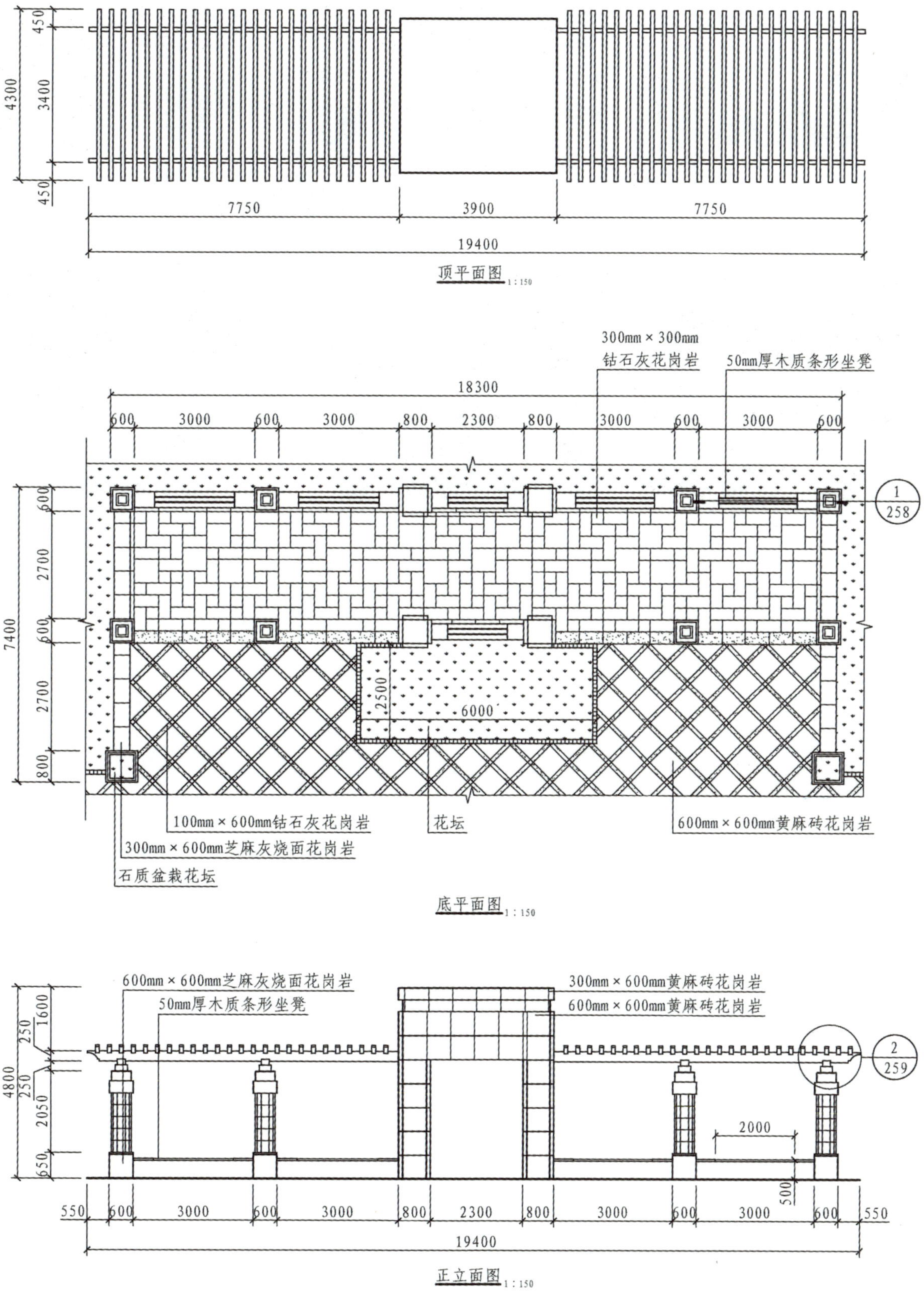

图6-3 廊亭CAD设计图纸

（a） （b） （c） （d） （e） （f）

图6-4 廊亭实景图

廊亭除具备基础的通道功能外，还应具备遮阳功能，廊亭本身也应当成为建筑景观空间中的风景，在设计廊亭的造型时，要确保廊亭的美观性，在CAD设计图纸中除表现基础尺寸外，对于廊亭细节处的结构处理，也应当清楚地标明。

第二节 手绘表达

手绘的作用在于能够及时地记录灵感，一般黑白线稿草图用于绘制初步设计方案，内容简单，彩色线稿图纸则内容更丰富。

一、黑白线稿

黑白线稿的绘制多使用绘图笔和铅笔，一般多采用线描形式、素描形式和快速表现的形式来表现设计中的具体内容，在绘制建筑景观设计图时，黑白线稿会更便于随时修改设计方案，同时绘图形式更自由，图纸中色彩单一，仅能表现出建筑景观空间中的布局样式、材料种类及基础的设计方案等（图6-5～图6-7）。

此外，在绘制黑白线稿时也有部分设计师钟情于使用绘图钢笔来绘制，由于钢笔的可涂改度不高，因此在绘制之前应当先在心中确定好设计方案的具体内容，然后将其复刻到草稿纸上，经过确认、分析后再使用绘图钢笔复刻一份，绘制时注意控制好明暗关系和尺度、比例之间的关系。

二、彩色线稿

彩色线稿能够丰富图纸幅面的内容，在绘制建筑景观空间彩色线稿时要注意以下问题。

1. 注意配色

颜色分类众多，即使是一种色系也有不同的颜色，例如黄色系可分为鹅黄、鸭黄、樱草色、杏黄、橘黄、橙黄、姜黄、缃色、驼色、茶色、昏黄以及枯黄等，在为建筑景观设计线稿上色之前确认图纸中各类构件应当配以何种颜色，这些颜色的色泽是否相配，是否能与周边环境、周边建筑相融等（图6-8）。

2. 做好打底

在上色之前要确保线稿上各构件的形态清楚，结构转折也清晰，对于内容较多，细节较广的区域应当分清主次，尽量将可交代的细节部位绘制清楚，然后再进行上色。

3. 控制好色彩深浅度

控制好色彩深浅度能够使整个建筑景观的设计方案在视觉上更具美感，同时也能使建筑景观与周边建筑更和谐，可通过控制上色力度来调节色彩的深浅度。

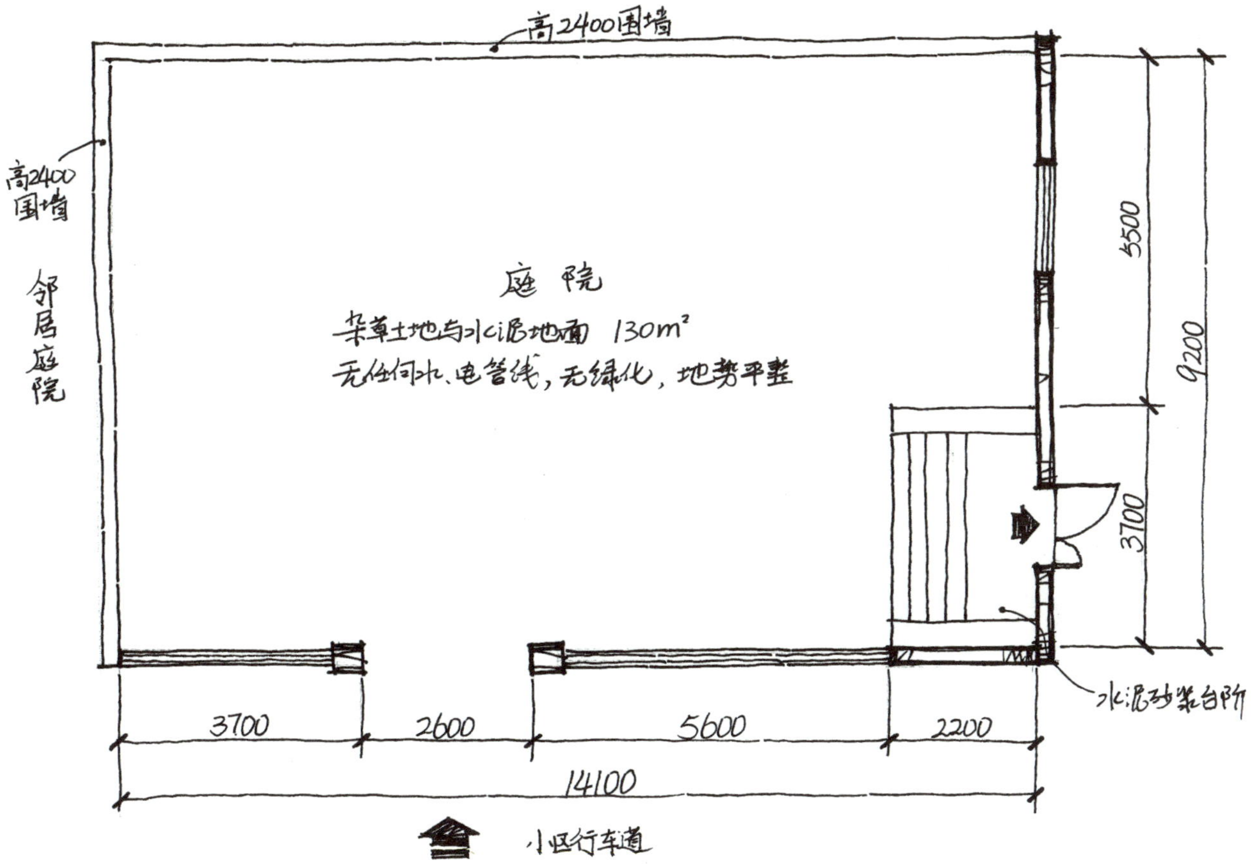

图6-5　原始图黑白线稿

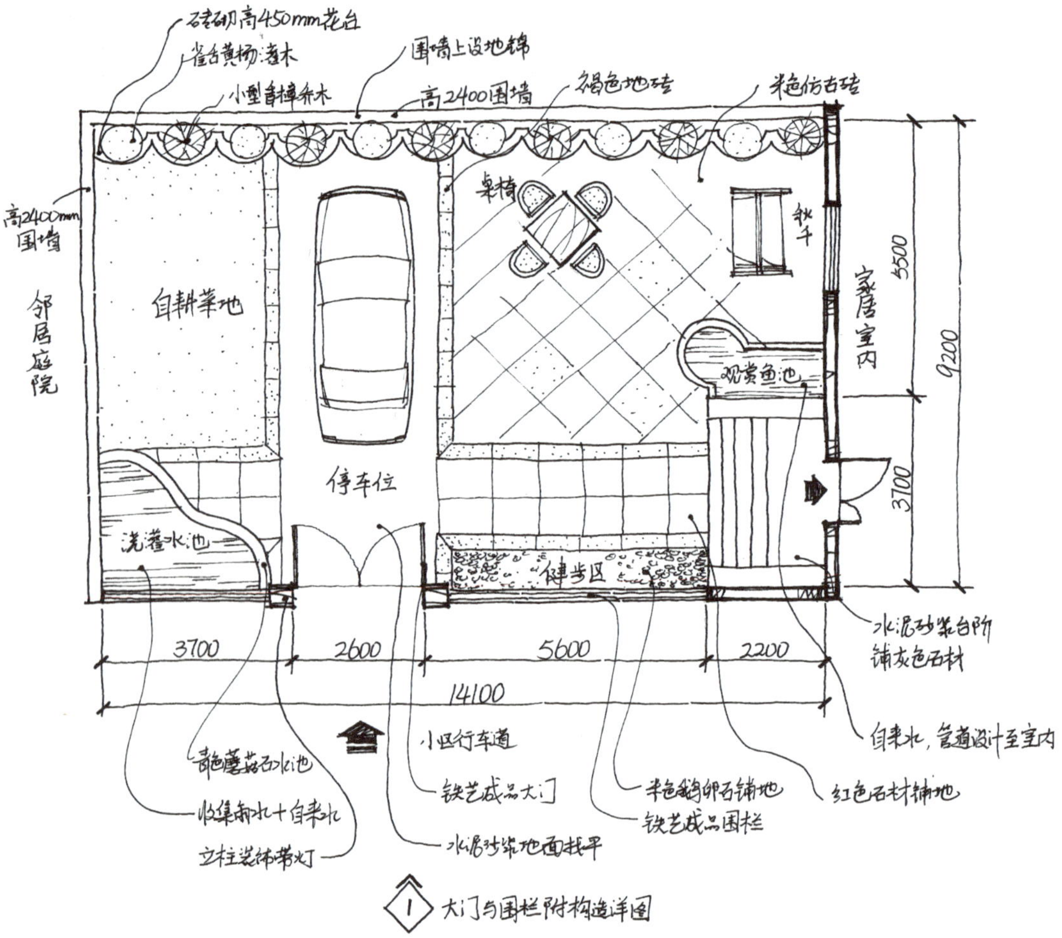

图6-6　平面布置图黑白线稿

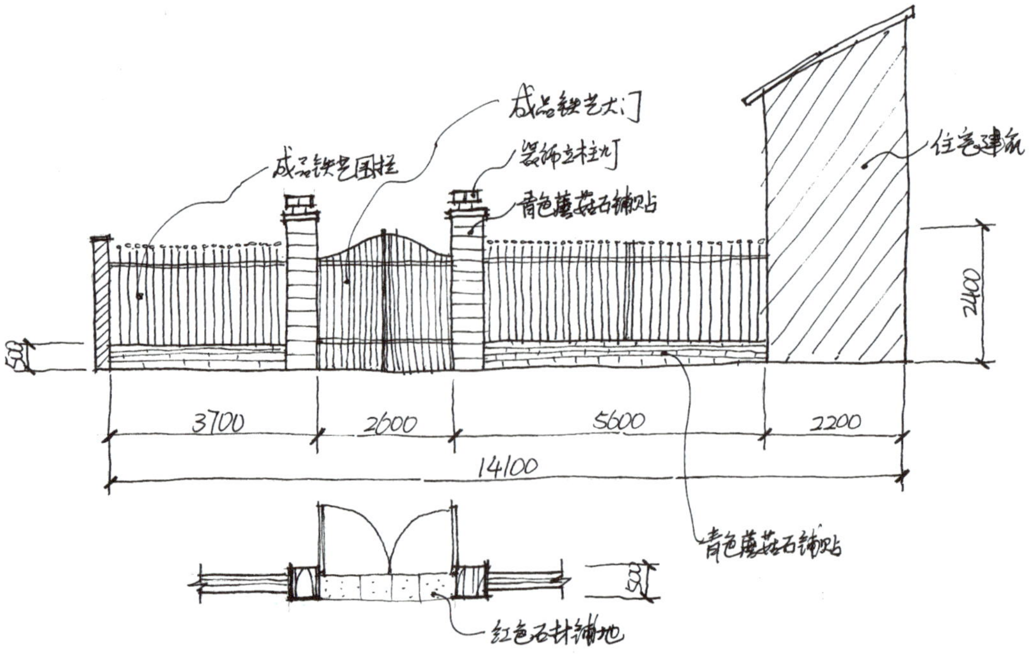

图6-7　立面图黑白线稿

(a)

(b)

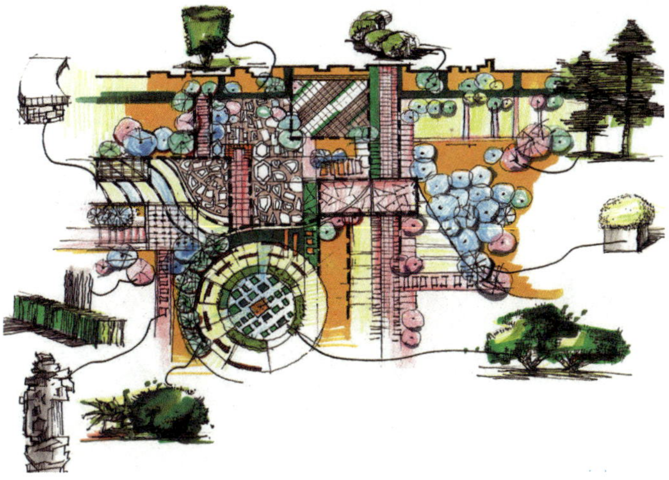

(c)

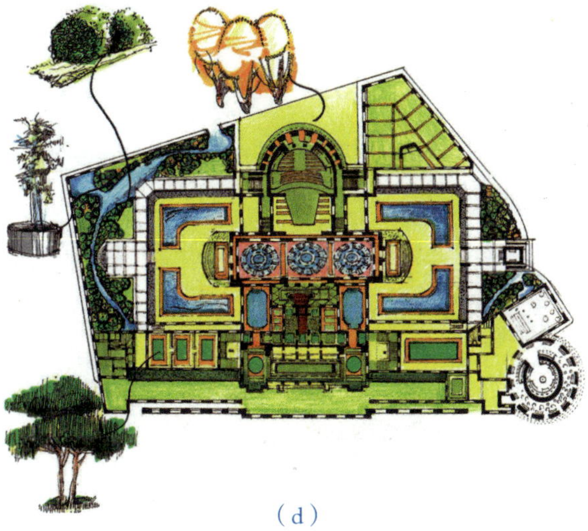

(d)

图6-8 建筑景观彩色线稿

第三节 模型效果图欣赏

一、手绘效果图

手绘效果图色彩丰富，整个幅面可以清楚地表达建筑景观设计方案的大致内容，图面中人物、建筑、花卉以及植物等元素会适当地简单化，多注重于绘制需要重点表达的细节构造（图6-9）。

二、模型效果图

建筑景观空间的模型多采用3D MAXS和Sketch UP等软件绘制，模型效果图会比手绘效果更具有科学性和真实性，且内容会更丰富，所涉及的元素和内容也将更具体化，这对于建筑景观设计方案的分析和完善有很大的益处（图6-10）。

（a）徐畅绘制

（b）方穗东绘制

（c）方穗东绘制

图6-9 手绘效果图

（a）（b）（c）（d）（e）

图6-10 建筑景观模型效果图

本章小结

通过查看和分析已经设计好的图纸，能够帮助设计师更全面地进行建筑景观的设计，而查看和分析以往优秀设计案例的图纸则能帮助查缺补漏，使建筑景观空间更具技术性和延续性。

课后练习

1. 简述绘制线稿的注意事项。
2. 简单说明建筑景观设计表达的形式。
3. 拍摄公园座椅实景图，尝试绘制与设计相关的CAD图纸。
4. 拍摄树池实景图，尝试绘制与设计相关的CAD图纸。
5. 拍摄喷泉实景图，尝试绘制与设计相关的CAD图纸。
6. 使用绘图工具或软件，绘制公园或广场的线稿图。

参考文献

REFERENCE DOCUMENTS

[1]（德）克瑞斯·范·乌菲伦．景观建筑设计资料集锦［M］．北京：中国建筑工业出版社，2009．

[2]（英）爱德华·哈奇森．世界景观建筑设计技法表现［M］．北京：中国青年出版社，2013．

[3]（美）罗特，（美）尤科姆．生态景观设计［M］．大连：大连理工大学出版社，2014．

[4] 周忠凯，赵继龙．建筑设计的分析与表达图式［M］．南京：江苏科学技术出版社，2018．

[5] 陈路石，陈利亚．建筑设计手绘效果图快速表现［M］．北京：清华大学出版社，2015．

[6] 刘福智．园林景观建筑设计［M］．北京：机械工业出版社，2010．

[7] 王红．建筑景观地貌学［M］．北京：科学出版社，2018．

[8] 饶鉴．设计表达：建筑景观效果图表现技法［M］．武汉：武汉理工大学出版社，2010．

[9] 李计忠．生态景观与建筑艺术［M］．北京：团结出版社，2016．

[10] 逯海勇．现代景观建筑设计［M］．北京：水利水电出版社，2013．

[11] W.H.Y雪儿创作室．景观建筑细部设计［M］．上海：上海科学技术文献出版社，2010．

[12] 朱燕辉．园林景观施工图设计实例图解［M］．北京：机械工业出版社，2018．

[13] 马春喜．建筑与景观模型设计制作［M］．北京：海洋出版社，2010．

[14] 郑毅．建筑景观设计手绘表现［M］．武汉：华中科技大学出版社，2014．

世界遗产在中国丛书
丛书主编 杜晓帆

世界遗产在中国
历史城市

邵甬 周俭 编著

World Heritage in China
Historical City

東方出版中心

序　一

20 世纪 70 年代以来，世界遗产保护及其相关问题成为国际社会十分关注的事情，鉴于这一体系的先进性、普适性和规范性，此事很快得到了国际社会普遍认同，并获得日益扩大的影响。

自 1972 年联合国教科文组织发布《保护世界文化与自然遗产公约》以来，以西方文化背景为主体的世界遗产保护理念、方法逐渐形成并得到前所未有的发展。随着全球战略研究将人与环境、自然与文化之间的有机关系置于核心位置，遗产的保护与管理不仅仅是专业领域探讨和研究的问题，也受到了普通大众的关注。1987 年中国的明清故宫等 6 个遗产地首次进入联合国教科文组织《世界遗产名录》，当时很多人包括进入名录的遗产机构都不清楚这究竟意味着什么、会对未来产生什么样的影响。2000 年首次中国世界遗产地工作会议在苏州的召开，标志着中国世界遗产事业的全面展开。对今天的中国人来讲，世界遗产已经不再是一个陌生的词语，它已经走进了大众的生活，甚至深刻影响着一个地区的社会和经济的发展。国家对世界遗产的重视，媒体对热点问题的报道，以及大众舆论对世界遗产的讨论，都使得越来越多的人对世界遗产的认识不单单停留在走马观花地游览名胜古迹这个层面，而是有更多的人愿意花时间和心思深入地探究世界遗产更深层次的内涵。人们从文化的膜拜者到传承者，这种转变恰恰为“世界遗产在中国”丛书的出版打下了很好的社会基础。